"十四五"职业教育部委级规划教材

服饰品设计

王婷婷　编著

中国纺织出版社有限公司

内 容 提 要

本书由服饰品概述、服饰品设计方案、实用性服饰品设计、装饰性服饰品设计以及系列服饰品设计五个方面构成了完整的内容知识体系。文字通俗易懂，图文并茂，每章开篇设有知识目标、重点和难点的学习指引，让学习者带着问题学习，目标明确，章后设有课后训练的实操练习，让学习者学以致用。

本书不仅可以作为高等职业院校服装专业的教材使用，也可作为设计专业学生和设计爱好者的参考用书。

图书在版编目（CIP）数据

服饰品设计 / 王婷婷编著. -- 北京：中国纺织出版社有限公司，2021.3（2025.8重印）

"十四五"职业教育部委级规划教材

ISBN 978-7-5180-8203-2

Ⅰ. ①服… Ⅱ. ①王… Ⅲ. ①服饰 – 设计 – 职业教育 – 教材 Ⅳ. ① TS941.2

中国版本图书馆 CIP 数据核字（2020）第 222928 号

责任编辑：郭 沫 责任校对：楼旭红 责任印制：何 建

中国纺织出版社有限公司出版发行

地址：北京市朝阳区百子湾东里A407号楼 邮政编码：100124

销售电话：010—67004422 传真：010—87155801

http://www.c-textilep.com

E-mail：faxing@c-textilep.com

官方微博 http://weibo.com/2119887771

北京印匠彩色印刷有限公司印刷 各地新华书店经销

2021年3月第1版 2025年8月第3次印刷

开本：787×1092 1/16 印张：9

字数：150千字 定价：59.80元

前言

在服装设计专业领域中，服、饰不分家，一直被视为一个统一的整体，均属于服饰文化的范畴，它们同发展共进退，无论在形制上还是功能上都不断发生着变化。从人类出现时起，服饰就随着人类的繁衍，历经300万年的历史长河，跟随人类文明的发展经历了所有的辉煌与黯淡，真实记录了不同年代、不同地区和不同民族的审美喜好和工艺水平，也折射出不同国家和民族的文化内涵与风俗习惯。

21世纪的今天，服饰设计专业仍在培育着大量的设计人才，在学校里，专业教育将服装与服饰品分门别类地细化，目的是让学习者更加有针对性并系统地学习。无论是在校生还是服装爱好者，服饰品设计与搭配都是服装设计专业学习必不可少的一个重要环节。

与服装"主体"相比较，服饰品无论是从比例上还是位置上都显得很"小"。但是看似不起眼的"小"饰品却能在服装整体设计中发挥巨大的作用，不容小觑。

服饰品的设计主要从两个方面出发，一方面是设计，需要根据服装风格特征、款式特点等设计与之相匹配的饰品，弥补服饰的视觉缺失使之更加完整，这一操作通常是与服装主体同一时间完成的，是为其量身定制的完美组合；另一方面是搭配，要根据个人的喜好和风格习惯，将两件或两件以上设计单品搭配在一起组合成一个完整的形象。可见，服饰品设计是一门实践性很强的学科，没有相关的扎实基础知识的积累与沉淀，想要设计出好看的外观形象、搭配出统一的服装风格不是一件容易的事情。

本书主要针对学习服装设计专业的学生和服装设计爱好者群体而编写的专业类书籍。本书最大的亮点是通俗易懂，每一章开篇都设有知识目标、知识重点以及知识难点的学习指引，让学习者带着问题学习，有针对性地学习。除此之外，在章节后设置了课后训练的实操练习，学习者可以学以致用。本书不仅可以作为教师授课的参考资料、辅助教具，讲练相结合，还能帮助学生自主学习、提高专业技能，同时它更是一本专业指导书，方便学习者随时查阅和记录。

本书在编写过程中参考了业内专家编写的同类教材和有关论著。书中的实例图片大部分来自资讯网，部分为编著者实体拍摄，在此向资讯网以及所有提供实例的作者们深表谢意！同时感谢中山职业技术学院的大力支持，感谢艺术设计学院的领导及同事们的帮助与指导。由于编著者水平有限，在编写过程中难免有疏漏之处，还望各位专家、同仁们不吝赐教！

编著者

2020年8月

目录

第一章 服饰品概述

第一节 服饰品的起源与发展趋势

爱美之心，人皆有之。在人类对服装还没有具体的概念时，服饰品就已经出现在人们的生活中，美化人的身体，满足精神需求。追溯服饰品的起源主要出于人们生理与心理上的双重需求，如果我们将服装的起源归纳为保护和遮羞，而服饰品则总结为装饰与崇拜。服饰品的出现，更大地满足了人类追求美、崇尚某种事物的精神需求。为了满足人类这种所谓的心理需求，人类从自然所处环境中收集所有能够使用的原材料进行各种艺术加工，装饰着人体本身，从而形成了服饰品的雏形。

一、服饰品的起源

（一）相信万物有灵的自然崇拜

服饰品的起源之一来自原始社会的人类对自然的崇拜。生活在自然环境中的原始人，对自然抱有敬畏和恐惧的双重情感，人类在享受大自然赋予馈赠的同时，对其所带来的灾害和疾病也是无法掌控甚至是恐惧的，人类将这一切都归于天地自然，相信万物有灵。人类为了让自己的生活不受灾害和疾病的困扰，将自认为赋予力量的特定物品佩戴在身上，遵循神灵在身，恶灵就不会近身的初衷，作为护身符，以示崇拜和辟邪。例如，贝壳、石头、兽骨、羽毛、草叶等都能在人类的身上装饰出美感，并赋予不同的意义。图1-1为非洲原始部落的居民配饰。

随着社会文明的进步与发展，人类用科学解释了天地自然，但同时也保留了护身符这种形式上的原始学说，作为人类精神的寄托。例如，在刚刚降生的孩童身上佩戴长命锁，希望孩子长命百岁；在端午节佩戴香囊、插艾蒿可以祛病防灾；给小孩子穿虎头鞋，戴虎头帽、银手镯、银项圈等希望孩子茁壮成长等，人们将各种期盼存放于不同的饰品中，将其转变为一种带有护身符寓意的现代服饰品（图1-2）。

图1-1　非洲原始部落的居民配饰

图1-2　长命锁

（二）身份地位与力量权威的象征

原始人佩戴饰品除了认为能够受到神灵保佑之外，还有一种是作为身份地位和力量权威的象征。原始社会的人类是野蛮的，要在族群内脱颖而出占山为王，靠的是力量和勇猛。而用来区分这一特质最明显的标志就是所佩戴的饰品。如佩戴美丽的羽毛、猛兽的牙齿、贵重的玉石、罕见的贝壳都是作为地位象征与力量的标志。

这种象征形式跟随历史社会的发展日益更新，并有着鲜明的印记。历朝历代的官服中标志性的东西就非常明显。人类将服饰色彩、材质、图案等元素分门别类，按照官阶品级授予佩戴，无一不在彰显着佩戴者的身份地位与力量权威。例如，明代官员的朝服中将梁冠、革带、佩授及笏板按照一品至九品的官阶进行定制区分，通过饰品的佩戴显示出其被给予的相应的权力和地位（图1-3）。如今，这种象征性的服饰品越来越弱化，但是在一些特殊的场合仍然可以见到。例如，军队制服的肩章，标志着其军种和级别，代表着军人的责任感和使命感，以及荣誉的象征。

图1-3　明代官员服饰

（三）装饰与审美

爱美之心人皆有之，人类不论在哪个阶段，美一直在人类的生活中占据着重要的位置。在人类的进化过程中，随着嗅觉敏锐程度的减退、视觉敏锐程度的增加，人们对于形象、色彩的感知力越来越细腻，审美感觉也在逐步提高。服饰品的起源正是来自于人们追求美的心理，创造性地表现自我。如今在埃塞俄比亚的奥莫河谷还保留着最原始的族群部落，目前是全球为数不多的原始部落聚居地之一，这里的部族将远古文化保留完好，人们依旧用最原始的方式装饰着自己，享受着大自然的馈赠，如涂面（涂身）装饰、身体穿孔悬挂和佩戴装饰物等，高度还原了原始人的装饰风格与审美体现，传统与艺术相结合，与现代精致的审美风格形成极大的反差，呈现出一种狂野而自然的美感，如图1-4、图1-5所示。

图1-4 非洲原始部落涂面装饰

图1-5 非洲原始部落居民佩戴的装饰物

二、现代服饰品的发展趋势

随着文明社会的不断进步与飞速发展，人类的审美观念也在不断日益更新，对于流行、时尚这类词汇也有了更新的认识与追求。从20世纪八九十年代盲从地追逐流行到21世纪张扬个性的发展趋势，人们的服饰观在逐步发生着改变。现代服饰品迎合服装多样的表现形式，其设计思维已经跨越了民族与国家的界限，结合实用与审美的双重标准，呈现出以下发展趋势。

（一）弘扬个性的求异发展趋势

21世纪是弘扬个性的时代，拼的是想法，闯的是创新，追求的是标新立异，每个人都想与众不同，有着求同存异的消费理念。服饰品的设计则在其中占据着重要的趋势导向，成为服装设计中不容忽视的视觉元素。弘扬个性的求异心理在每个年龄阶段的人群中都会产生不同的表现形式。年轻人处于追求时尚、张扬个性、展现自我的发展阶段，用色大胆、造型夸张的服饰品深受年轻人的喜爱，其中混搭风格、未来主义的设计手法相对比较符合他们的审美观念。而中年人所追求的是品位、质感、时尚、高端的个人风格定制，处于成熟、稳重、自我肯定的年龄阶段，所以服饰品的设计应尽量趋于国际化、色彩沉稳、造型简洁又不失单调、夸张但不另类的设计是对中年人群最好的诠释。老年人则追求舒适、便捷、简单的生活方式，老龄化让老年人有向往年轻的渴望和追求自由的憧憬，同时经过岁月的洗礼，老年人的稳重与沧桑不予言表，所以在服饰品的设计上，亮丽的色彩配上沉稳的造型，稳重的外表搭配活泼的元素，沉稳而不失年轻，青春与娴静相结合的设计较为适合老年人。

（二）趋于中性化的服饰发展

随着时代的发展，男女社会地位趋于平等，中性化的服饰发展趋势在稳步上升。男女在工作上的差距越来越小，服饰中的性别体现也越来越不明显。在服饰品设计领域中，具有中性感的服饰品也逐步出现在人们的视野中，很多女性的服饰品添加了更多的男性化元素，如线条简洁、色彩稳重，造型棱角分明，均体现出了现代女性干练、果敢的社会形象。这种中性化的服饰发展趋势是现代社会中男女服饰的互相渗透、借鉴、交汇和融合的结果，使之更符合新时代人类的职业需求，而不是角色的交换。图1-6为中性风格的包袋设计：太空银的色彩，冷冷的银光透着严谨与孤傲，曲线的分割与包带的流线又体现出女性的温柔与甜美，刚柔并济的设计，充分体现了现代职场女性的干练与柔美、严谨而轻松的独特美感；而线条刚硬、平直的木箱式包饰，以沉重的色彩、金属的扣饰，给人一种严谨的风格特征，复古的外形配上细腻的纹路，又给人一种时尚、个性又不失传统的风格特点，令人惊艳。

图1-6 中性风格的包袋设计

（三）崇尚自然的返祖发展趋势

基于现代社会的高速发展，科技、未来、信息化的快节奏充斥着人们的生活，给人类带来了极大的便利与享受，机器代替人工，其目的是减少人工、节约成本。与此同时，手工制品变得尤为精贵和稀有，工匠精神在现代科技社会中体现着它的价值与传承。人们在享受科技带来便利生活的同时，也在崇尚自然、环保、健康的生活理念，所以手工服饰品的精良做工符合现代人们的消费理念，也是对自然的一种向往和追求。仅以中国传统手工艺刺绣为例，分为手绣和机绣，机绣作为现代社会进步的代表，能够代替人工绣出很多精美的图案，快速、便捷，画面规矩整齐但千篇一律，相较于手绣作品缺少了动感和灵气，而手绣作品则是将一根丝线分成若干极细的丝线在织工们手中游走，一根根刺入织品内，图案栩栩如生，精巧灵动，一篇千律。因此手绣饰品成为人们对生活品质的追求，对精神层次的渴望，更是中华传统手工艺的瑰宝。图1-7为周雪清刺绣作品。

图1-7 周雪清刺绣作品

（四）国际化的发展趋势

随着现代社会进步和文明发展的不断变革，人类的物质追求和精神追求也越来越往高层次发展，逐步迈进国际化的发展趋势。人类的审美眼光从国内扩展到国际，开始追逐国际化的审美标准，附着于服装之上的服饰品也在悄然发生着改变，相较于服装设计而言，服饰品的设计具有更大的设计空间，运用不同的饰品搭配相同的服装，所展现出来的风格是截然不同的，与国际接轨，展示出不同的设计风格，成为人类表达美的视觉符号。

（五）多元化与系列化的发展趋势

服饰品的多元化设计在服装的整体搭配中扮演着非常重要的角色，个性化、多元化成为时尚主流，无论是浪漫淳朴的清雅风、科技未来的时尚风、几何元素的抽象风、传统主义的民族风、特立独行的混搭风还是夸张奢华的舞台风，都能够通过服饰品得到加强，表达更加完整的造型风格（图1-8）。

多元化的服饰色彩艳丽，图案抽象，非常适合当下追赶潮流的青年男女成时尚达人。在设计时要注意度的把握，过火的设计会让人难以接受，保守的搭配又体现不出前卫与时尚，所以因人而异，最适合的就是最好的。

图1-8 多元化的服饰品搭配设计

　　服饰品不仅是服装的附属品，它也可以是独立存在的，与服装处于平等的地位。所以服饰品的系列化已然成为当今设计的主流，设计师对其成套、成组的系列设计，拓宽了服饰品的发展道路，用更加准确的视觉符号诠释着服饰的完整性，具有良好的展示效果，给人们留下强烈且深刻的印象。系列化的服饰品设计让人们有了更多的搭配选择，也迎合了不同人群的风格喜好。服饰品的设计越来越成熟，在人们的生活中占据的地位也越来越重要。服饰品的系列化给消费者提供了更多选择，为搭配更精准、更适宜争取了更大的空间，同时扩大了服饰品的市场，让人们的生活更加美好。图1-9为包饰系列设计。

图1-9　包饰系列设计

第二节　服饰品的含义与特征

一、服饰品的含义

　　在服装设计专业领域中，包含了服装与服饰两个方面。这是两个不同的概念，但两者又相互联系、相互依存，是一个不可分割的整体。其中，"服装"是指我们古代所说的上衣下裳，如衣、裤、裙；而"服饰"除上述的"服装"外，还包含了饰品与装饰的含义，如帽、包、鞋、首饰等。它们之间相辅相成，形成了对人的外在形象的视觉造型构成元素符号。

　　服饰品又称为服饰配件、装饰物、配饰物，是指除服装以外附加在人体身上与服装相关的所有装饰物。服饰品的含义有狭义与广义之分，狭义的服饰品是指与服装相关的配饰、装饰，如包、鞋、帽、袜、丝巾、手套、腰带、首饰等；广义的服饰品其种类范围更为广泛，不限于与服装相关的配饰，而是扩大到人的本身，以人为主体，即在人体本身进行的造型设计并与服装整体相搭配，如发型、妆容、指甲等。

二、服饰品的特征

（一）实用性与审美性

　　服饰品最初产生的目的之一是装饰，随着社会文明的发展，人们逐渐发现除审美价值外还有很多服饰品具有实用价值。21世纪，服饰品已然成为人们生活中重要的必需品，兼具实用与审美的双重价值，它使服装设计的整体视觉形象更加完整、生动，让人的出行、生活更加便利。服饰品通过它小巧独特的造型、色彩、材质、风格等元素的组合，在服装搭配中能够对使用者的整体形象起到扬长避短、画龙点睛的作用，提升服装设计的整体效果。我们以银行女职员的工装为例，银行工作规范、严谨，为了凸显其职业特点，职员的工装多为浅色衬衫、深色西服套装（西服马甲、西服裙/裤），款式简洁大方，职员整体造型沉稳干练，突显职业特点。但这样的着装使得女性的整体造型过于严肃、缺乏亲和力，容易让人产生距离感。如果在女性脖颈处扎系一条与服装色彩相呼应的丝巾作为装饰，将会改变女性的整体形象。如图1-10所示，这条蓝红条纹的丝巾装饰，蓝色条纹与工装整体色彩相呼应，沉着而冷静，红色条纹则起到画龙点睛的作用，热情而温暖。丝巾的装饰让女职员的整体形象显得生动许多，不仅能体现出女职员干练、严肃的工作态度，又能体现出她们热情服务、大方得体、富有亲和力的女性本质，在工作中与人的交流也更加顺利，提高工作效率与公司的形象。

图1-10　职业装丝巾与西服马甲职业装的搭配

（二）社会性与民族性

服饰品的发展和变化与社会文明的进步是密不可分的，从古至今不同时期的社会文化、科技水平、工艺要求、政治变革、宗教信仰等多方面都会对服饰品产生深刻的影响，这种影响也直接反映在当时的服饰中。1969年，美国宇航员尼尔·阿姆斯特朗、埃德温·奥尔德林乘"阿波罗"11号飞船首次登月，轰动了全世界，"太空银"成为当时最流行的色彩，当时的服饰设计中也加入了大量的未来元素来庆祝这一盛举，如图1-11所示。再如曾轰动全球的"9·11"恐怖袭击事件给人们带来极大的恐慌和心理阴影，至此设计界重现了哥特式的服装风格，在设计中使用的怪诞、夸张、暴力等设计手法，诠释了那一时期人们的愤怒和惊恐的心理状态。所以说，通过各个时期的服饰元素能够看到当时的社会发展状况及动态，设计与社会发展紧密相连。

图1-11　太空元素的服饰设计

服饰品的发展与社会进步紧密相连，但同样离不开浓郁的民族文化、风土习俗、环境气候的地域影响。不同民族的风俗习惯和独具特色的服饰品是区分民族种类的重要标志，每种服饰品的形成都反映了民族特定的风俗习惯，无论是饰品的造型、材质、图案、色彩，都体现了民族的风俗习惯，形成独特的民族风情。其实很多民族都有佩戴银饰的习俗，但以大而多为美的苗族银饰却独具特色，成为苗族的标志性特征，如图1-12所示。

（三）个性化与象征性

随着现代服饰的发展趋势来看，服饰品在服装整体搭配中奠定了不容忽视的地位，人们越来越重视服饰品的搭配，并将

图1-12　苗族银饰

其作为个性化的体现。多样化的流行元素使服饰品的设计越来越有个性，彰显时代特征。服饰品与服装之间的搭配有多种组合，有时仅仅需要调整服饰品的形式就能使服装风格倾向有所改变。例如，一条小小的丝巾，既可以作为服装款式的主体设计元素，打造设计亮点，也可以单列出来与服装本身搭配，起画龙点睛的作用。同样的丝巾随意地扎在腰间，则成为全身的焦点，柔软的材质与服装廓型形成鲜明的对比，亮丽的色彩如同聚光灯下的舞者翩翩起舞，美丽耀眼而不失光芒（图1-13）。色彩亮丽的丝巾像腰带一样穿入裙底，造型规矩，在裙摆处若隐若现，既保留了裙子的端庄，又增添了动感与妩媚（图1-14）。无论哪种搭配，服饰品的个性化都在服装设计中彰显出它的魅力和价值。

图1-13　丝巾与服装搭配一　　　　　　图1-14　丝巾与服装搭配二

　　今天的服饰品彰显的不仅是穿着者的个性，它还传递了穿着者的品位与修养。古时，服饰品一直是代表人的身份的专属象征，并有着严格的规定。例如帽子在古时的中西方就有着明显的象征意义。我国明清时期官员的顶戴花翎是用于区分官员官位的高低等级，顶戴上的宝石颜色、样式和花翎不仅是装饰，更是一种身份的象征（图1-15）；中世纪的西方，帽子成为当时权利与地位的象征，人们通过帽饰就能区分其身份地位，如国王头上戴的金色皇冠，囚犯头上戴的纸帽子，公民只能佩戴暗色帽子等。但随着社会文明的发展与进步，这种标志性的象征越来越弱化，但是服饰品仍在无形地传递着人们的思想、品位，并将其转化为个人或职业特征，打造不同的气质风格。

图1-15　清朝四品官员的顶戴花翎

三、服饰品分类

21世纪的今天，服饰品成为人类生活的重要组成部分。服饰品的种类也非常丰富，按照不同的分类方式，包含有不同的服饰品种，可分为按功能、按人体佩戴部位、按材质、按加工工艺、按风格等多种分类方法。

（1）按功能分类：可将其分为实用性、装饰性和特殊性服饰品，实用性服饰品是指在服装整体中具有到实际使用作用的饰品，如鞋袜、包袋、帽子、手套、围巾、发夹、领/袖扣、腰带、眼镜、雨伞等，这些服饰品不仅具有实用功能，同时也兼具装饰功能，而装饰性功能的服饰品则起到纯装饰和美化整体的作用，如项链、手镯、耳环、胸针、胸花等；而特殊性服饰品则是直接对人体本身进行造型和美化，达到与服装整体造型、色彩相搭配的设计，如发型、妆容、纹身、美甲等。

（2）按人体佩戴部位分类：分为发饰、头饰、面饰、耳饰、颈饰、胸饰、腰饰、身饰、臂饰、腕饰、手饰、腿饰、足饰等。

（3）按材质分类，分为纺织品类、毛皮类、金属宝石类、塑料类、贝壳类、木质类、陶土类等。

（4）按加工工艺分类：分为缝纫类、编织类、印染类、烧融类、雕刻类、镶嵌类、粘贴类等。

（5）按风格分类：分为古典风、中性风、民族风、创意风、都市风、淑女风、校园风等。

第三节　服饰品的搭配法则

服饰整体搭配设计是人的外在形象最直接的视觉表现，每个人都有自己独立的审美习惯和风格特点，要通过外在的视觉形象表现出人内在的气质、品位实属不易。所以要想通过外在的视觉形象表现内在的品质特征，在了解自己的同时，还要掌握一定的搭配方法和原则。不要盲目地追逐流行和时尚，不适合自己的搭配只会起到适得其反的效果。

一、色彩搭配法则

色彩是掌握服饰搭配的重要元素，色彩的色相、明度、纯度、比例等因素都会影响服饰整体搭配的视觉效果，最常见的色彩搭配主要有同类色搭配、类似色搭配和对比色搭配。

（一）同类色搭配法则

同类色是指同一色系通过明度变换形成深浅不一的系列色彩。通过同类色进行的服饰搭配是最简单、最保险的搭配方式。在搭配时，首先需要注意的是服装主体与饰品之间色相的明暗差异，差异过小的搭配效果具有较强的整体感、完整性，但缺乏层次感，差异过大的搭配效果易于层次分明，但如果饰品选择不当又易于分裂整体，导致整体造型的不统一、不协调；其次就是要注意层次的变化，如果服装造型繁琐，服饰品的选择款式要相对简洁，与之形成鲜明的反差，反之，服装造型线条简洁的，则饰品搭配造型可相对要烦琐。

如图1-16（a）所示，案例中香脂蓝套头针织衫色彩单一，针织线路明晰，排列有序，是相对比较保守、传统的针织纹路，为了凸显其时尚元素，搭配的腰包色彩纹路繁复、花纹图案大气，且扎系于腰间，将上身比例分割，提高了腰线，使得整体搭配风格素中带俏、稳中带动，极具时尚性。图1-16（b）中浅咖色针织衫与香脂蓝套头针织衫的款式如出一辙，针织线路分明，排列有序，属于传统、保守的服装款式，搭配的围巾图案围绕针织衫的浅咖色进行深浅变化，夸张的大围巾占据了人体上半身的主要位置，其线条错落有致、粗细不一、纵横交错的方格图案，以夸张的结扣、长短不一的扎系方式提亮了整体服饰色彩，增加了整体搭配的动感和层次。如图1-16（c）所示，与浅咖色针织衫搭配羊绒方格大围巾刚好相反，此款搭配中服装主色采用深浅不一的蓝色纵向错落分布形式，使色彩有着明显的层次变化，案例中搭配的包袋颜色选取的是其中一种蓝色作为与服装主体的呼应，包袋通体一色，造型简单，色彩明艳，使得服饰整体的搭配呈现一种和谐、素雅的美感。

| (a) | (b) | (c) |

图1-16　同类色服饰搭配

（二）类似色搭配法则

类似色搭配相较于同类色而言，色彩变化点较多，如黄色与橙色、橙色与红色、红色与紫色、紫色与蓝色、蓝色与绿色、绿色与蓝色等。不难看出，类似色组合中，两种颜色之间是有共性的，都包含有相同的色彩，使得类似色之间能够更好地融合，更容易协调统一，搭配出理想的整体效果；又由于类似色的色彩之间不仅有相同的色彩元素同时还具有了其他的色彩元素，使得色彩之间有更加丰富的变化、更多样的层次，风格多变，适合各个年龄阶段的人群。

图1-17（a）为橙色条纹裤袜搭配明黄色手提包：橙色在色彩中具有前进、膨胀的视觉效果，案例中裤袜的橙色相对比较纯，色泽饱满、亮丽夺目；为了规避其膨胀、扩大的视觉效果，主体运用宽窄不一的黑、白、彩色等条纹分割了橙色色泽中的饱满，弱化了夸张、呆板的土味风格，与明黄色的蛇皮包饰形成了独特的视觉感受；条纹裤袜时尚、动感，明黄色手袋青春、亮丽，两者搭配出年轻、朝气的青春气息。图1-17（b）为宝蓝色西装搭配深绿色胸花：现代社会中，男女平等不仅在家庭地位中，尤其在职场中更加体现了现代女性的地

位与成功，宝蓝色西装线条简单，色彩沉稳，带有男性的冷静与果敢，搭配一朵深绿色的胸花，运用简洁的黑白线条分割胸花的女性气质，更加凸显了女性的理性与平和，与之呼应的方巾增加了整体搭配的时尚感；案例中的蓝色与绿色相对纯度较低，色彩偏冷，完美诠释了职场女性的中性风格，冷静且理智，亲切而优雅。

(a)   (b)

图1-17 类似色服饰搭配

（三）主色调搭配法

还有一种色彩的搭配称为主色调搭配法，这是我们生活中经常见到的一种搭配方式。在服装整体搭配中，有明确的主色调占据大比例的面积或比较重要的位置，拒绝平均分配，让主色调最先进入人们的视线，引导人们的视觉感官。这种搭配方式相对于服饰品的选择尤为重要，选择同类色或类似色的服饰品可以成为整体搭配的附属品，增强整体感，选择对比色或互补色的服饰品也许可以一跃成为整体的亮点，起到画龙点睛的作用，让整体的服装搭配更有活力。

图1-18（a）为金丝绒与皮革的完美搭配：在红色裘皮与金丝绒的搭配案例中，采用了同类色的组合方式；红色的皮草与红色的皮革腰带形成呼应，将其横搭在金丝绒的裙装中间，反光的皮革材质与吸光的金丝绒形成了鲜明的对比，增强了服饰的整体感，皮草大衣与腰带外呼内应，皮革腰带调和了整体色彩的一致性，打破了呆板、严肃的着装规则，俨然成为整体着装的亮点，让该套服饰搭配显得更立体、更完整、更具层次感。图1-18（b）为粉色套装搭配黄色手袋：在本案例中，水粉色的套装将女性温婉、贤淑的特质表现得淋漓尽致，西服上衣搭配百褶裙的款式，严肃中带有柔美，飘逸中带有干练；搭配色彩亮丽的、具有俏皮风格的黄色包饰，在女性的恬静中平添了几分动感与活力，案例中的搭配效果，色彩亮丽的包饰成为整体服饰的点睛之笔，让整体搭配青春洋溢、婉约动人；三角形的包体斜挎在胸前，打破了服装的端庄，俏皮感油然而生，动感与稳重兼顾，拉近了人与人之间的距离，给人以亲切、随和的视觉印象。

(a)　　　　　　　　　　　　(b)

图1-18　主色调服饰搭配

　　由此可见，服饰中的色彩搭配，不仅仅是单纯的色彩搭配，它还与其比例、款式、材质、图案等元素是分不开的。色彩引导人们的视觉先入为主，但比例、材质、款式则是近距离的细节体现，更加耐人寻味。只有适合的、恰当的组合，才能让整体散发出和谐的气息，单靠其中一方面是无法完成的。所以，不能以偏概全，综合考虑是服装设计师的必修功课。

二、"画龙点睛"搭配法则

　　服饰品在整体服饰搭配中主要是起到装饰、美化形象的作用，搭配的适当会起到画龙点睛的效果。例如，在一次服装大赛上，设计师弄丢了一颗精美的纽扣，导致服装整体不完整，无奈之下，她采用了备用的普通纽扣，没想到效果却出奇的好，普通纽扣用它的质朴衬托出华丽的服装主体，形成了华丽与质朴的鲜明对比，成就了完美的设计作品。在服饰设计中，色彩、款式、材质都有可能成为整体搭配的点睛之笔。

（一）色彩"点睛"

　　色彩是整体服饰设计中最先进入人们视线的视觉元素，色彩的搭配将直接影响整体形象的搭配效果。没有人愿意将自己变成一个花瓶，上面插满五颜六色的鲜花，没有主次的变化。所以，在服饰色彩的选择上要非常的慎重。选择与主体为同色系的饰品进行搭配，优点在于强调整体，协调统一；缺点在于变化不明显，整体色彩单一使得整体形象呆板，没有层次。针对这种情况，在同类色的选择上可以大胆一点，拉大同色系的明度。例如，肉粉色套装中间扎系一条暗红色的宽板腰带，两者在色彩上属于同一色系，但在明度上却拉大了距离，且利用两者之间的比例关系，将人们全部的视线都集中在这条色彩艳丽的腰带上，高贵典雅、端庄大气，红色的腰带成为整体搭配的"点睛"之笔，如图1-19（a）所示；再如，在具有波普风格的长裙中搭配大红色的包饰，服装主体的图案奇特、复杂、视觉感较强烈，而搭配的包饰则色彩纯粹、造型独特、个性鲜明，在黑与白的世界中燃起了一丝希望的色彩，将全场的焦点都集中在那一抹红色上，起到了画龙点睛的作用，如图1-19（b）所示。

（a）
（b）

图1-19　用色彩"点睛"的服饰搭配

（二）造型"点睛"

　　服饰搭配除色彩以外，款式也是组成服饰搭配的重要元素之一。日常生活中的服装不像舞台灯光下的服饰造型夸张、奇特，具有较强的视觉冲击力。生活装造型相对传统，变化不明显，而服饰品所占据整体的比例又相对较小，所以用造型来"点睛"要有更大的想象力与创造力。例如，在阳刚、帅气的男士腰间搭配一个暗红色的小巧包袋，打破了原本传统、绅士的着装风格，强壮的体魄与小巧的包饰形成了极大的反差，体现出男性俏皮、可爱的一面，小巧的造型将人们的视线都集中在这个包袋的身上，成功地吸引了人们的注意，起到了画龙点睛的效果，如图1-20（a）所示；再如，硕大的耳饰反其道而行，打破了女性传统意义上的纤细与柔美的印象，相较于小巧、纤细的耳饰造型，硕大的耳饰犹如女战士的铠甲，显示出女性的霸气与魄力，将其阳刚、率性的一面展示在大众面前，体现出女性独立、自我的率直与直爽，如图1-20（b）所示。

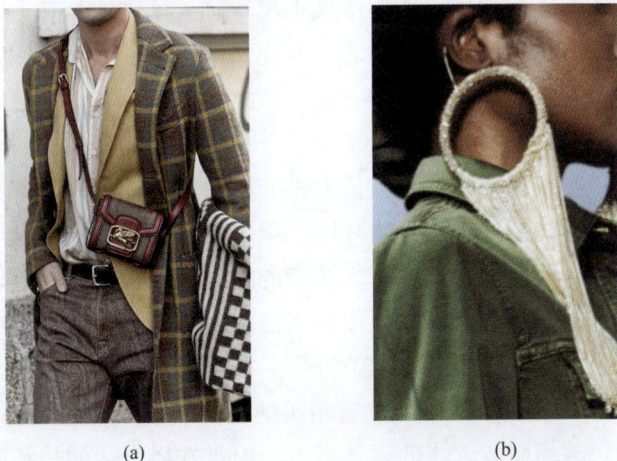

（a）
（b）

图1-20　用造型"点睛"的服饰搭配

（三）材质"点睛"

　　色彩、款式、材料是服饰设计的三要素，材料的选用对服饰搭配有着至关重要的作用。

生活中的服装多以纺织面料为主，要求穿着舒适、透气，在材质上的要求相对较高。而服饰品在材质选择上则有很大的空间，如金属、木材、塑料、陶泥都可以用来制作服饰品，而这些又与服装本身的材质形成了极大的反差，为整体造型带来新鲜元素，打造个性风格。装饰扣是就设计师在服装设计中经常使用的装饰手法，如针织材质的质朴织物与金属折射出来的华丽装饰形成了极大的反差，设计师利用不对称的形式在肩部装饰金属扣，吸光的针织面料与反光的装饰扣相互映衬，犹如黑夜里闪耀的星辰，让简单素雅的针织衫产生一种高贵感，起到"画龙点睛"的作用，如图1-21所示。

图1-21 装饰扣在服装中的运用

三、"饰不过三"搭配法则

服饰品在服装整体搭配中是不可或缺的重要元素，这里所说的"饰"主要指装饰性的服饰品，如首饰、胸针、挂件等。我们以首饰为例，很多人喜欢佩戴首饰，将戒指、项链、耳环、手镯全都佩戴在身上，看上去就像是一个展示架，再配上必要的包袋、腰饰等物品，将所有的饰品在一个整体上进行展示，非但体现不出美感，反倒像是一个行走的展柜，没有主次之分。恰当的选用服饰品是用来衬托服装、美化整体造型，过多的服饰品反倒会破坏整体效果，喧宾夺主。

（一）"饰不过三"的搭配法则

我们以首饰为例。佩戴首饰时，在数量上讲究以少为佳，若同时佩戴多种首饰，在总量上尽量不超过三种。我们将首饰大致分为耳饰、项饰和手饰，搭配原则可根据服装款式、发型设计等因素进行选取搭配。例如，露肩或抹胸的晚礼服，脖颈处相对较空，可以选择适当的项饰进行佩戴，项饰的选择可依据礼服而适当搭配，如礼服款式烦琐或装饰较多，项饰的选择要尽量简单、素雅，如礼服简洁、线条流畅，搭配的项饰则可以奢华、烦复，增添整体华丽感，如图1-22（a）所示。如果衣领处有精美的花饰或夸张的造型，不佩戴项饰，因为精美的项饰会喧宾夺主，破坏服装款式的设计亮点，但是选择合适的长长的耳饰加以装饰，让纤细的耳饰垂到颈处，增加整体的动感，端庄又不失活泼，静中带动，充分体现女性的柔美与灵动，如图1-22（b）所示。

(a)　　　　　　　　　　　　　　　　　　(b)

图1-22　首饰与礼服的搭配

（二）佩戴首饰要遵循搭配法则

首饰的佩戴不仅在数量上有讲究，在色彩与服装款式和材质的搭配中也有其相应的法则。首先在色彩的选择上要力求同色，尤其是在佩戴两件或以上数量的首饰时，应尽量保持色彩的一致性，特别是佩戴镶嵌类首饰时，更须注意其主色调要与服装整体色彩相协调，镶嵌类首饰的反光感极强，非常容易引起人们的注意，如与服装整体协调，则会破坏服装的完整与和谐；其次，在款式的选择上也要与服装整体造型相协调，注意与服装的搭配要和谐统一，传统、正式的服装搭配的首饰不宜另类和夸张，有失庄重，会给人一种难以信服的挫败感，活泼、时尚的着装风格也不适合搭配传统的服饰品，会破坏其整体的时尚度，给人不伦不类的感觉；最后，在材质的选择上也要与服装的质地相融合，如棉麻质地的服装款式搭配编织的首饰，显示其质朴、醇厚的民族风情，丝质绸缎质地的服装搭配金属材质的首饰，可诠释高贵典雅的贵族气质，皮革牛仔质地的服装搭配粗犷豪放的首饰，可打造桀骜不驯、时尚另类的野性气息等。除此之外，首饰的佩戴也要与个人身份，性别、年龄、职业、工作环境保持大体一致。

第二章 服饰品设计方案

第一节 服饰品市场调研的意义与方法

一、服饰品市场调研的意义

市场调研是对当前服饰品市场的现状进行详细的调查与研究，针对服饰品市场的需求和需要解决的问题，通过调查信息的反馈，有目的地进行设计，是服饰品设计的必要环节。服饰品的设计要依据客户需求、种类特征、服装搭配等多重因素有目的地实施调研，所设计出来的产品才能满足客户需求，达到相应的设计要求。

（一）调研使用人群对服饰品的具体需求

调研服饰品市场，首先要了解的是各类人群对服饰品的具体需求。针对不同年龄、层次、职业、性别的人群，对服饰品的需求都是不同的。例如，将人群按照年龄分类进行调研，结果显示青年人在选择服饰品时考虑的因素多为价位、款式、色彩等因素，体现出青年人对个性与时尚的追求；中年人主要看中服饰品的品牌与质量，能够表现出中年人自身的品位与价值；而老年人则要求服饰品的舒适与自然，便于老年生活更加安逸与便捷。所以，调研使用人群对服饰品设计是非常重要的。

（二）调研服饰品的种类及特征

服饰品的种类繁多，设计师要有针对性地选择需要的服饰品种类进行调研和设计。这里我们将服饰品分为以服装为本和以人体为本的两大类：以服装为本的服饰品，其作用是与服装一起视为同一个整体来看待，如服装上的纽扣、拉链、袖扣、花纹图案等元素，这些是跟随成品服装一同呈现出来的服饰品，如果没有这些装饰性的饰品，服装将无法完整呈现，但是如何将这些饰品完整并完美地运用到服装中，就需要依靠服装的风格而定。这种以服装为本所呈现出来的服饰品，一般是跟随服装本身进行批量生产，缺乏个性化定制。以人为本的服饰品就是附加在人体上除服装本身以外的服饰品，如帽子、丝巾、包袋、鞋子、首饰等，是独立存在的。这些服饰品让人体的整体造型更加完整，更具有独特性和多样性。更具有个性化的展示，服饰品的系列设计也可以让消费者有更多的搭配选择，拓宽了服饰品的市场，让服饰品放在与服装同样的赛道上，并驾齐驱，所以也是我们要进行服饰品调研的重要内容。

二、服饰品市场调研的步骤

要获得有效的服饰品市场调研数据，就要掌握正确的调研步骤，采取适当的调研方法。

（一）明确调研目的

服饰品的种类繁多、风格多样，明确调研目的是至关重要的，有目的地进行市场调研将会事半功倍。不能盲目调研，否则调研回来的信息和数据也是无效的。例如，针对装饰性服饰品进行调研，我们就可以将调研目的定位在首饰、挂件等饰品类型的调研上，通过各种风格、款式、材质、人群、价位等信息的市场调研，加以分析就会得到我们想要的结果。

（二）锁定调研对象

进行服饰品的市场调研，在明确目的之后，还要确定调研对象。调研对象的确立要与产品有直接接触的联系，所获得的资料才是有价值的。例如，从事服饰品销售的工作人员，购买服饰品的消费者等，面对这一类调研对象，调研者可以采取直接采访、问卷调查、店面考察等多种方式进行产品调研。选择正确的调研对象会事半功倍，而盲目调研是碎片化的信息，毫无头绪，从而影响调研效果。

（三）确定调研内容

服饰品市场调研最关键的部分是确定调研内容，根据调研目标设定的调研内容是能否取得有效数据的核心。还是以装饰性服饰品为例，我们将调研产品设定为首饰，针对首饰这一产品我们要设定调研的对象，这里的对象就是佩戴首饰的使用者，将使用者按照年龄、职业、风格、特点划分，并在调研内容上就上述分类进行问题设定，将我们需要了解的信息集中在问题中，这样获得的数据才是有效的。

（四）样本抽取

调研完成后，如果调研的数据上万或者更多，不可能全部采纳，这就需要针对调研数据进行样本的抽取并加以分析。样本抽取要在调查对象中抽取，如果调查对象的分布范围广泛，抽取前要制订一个合理的抽样方案，不能随意抽取，否则样本的数据是无效的。例如，我们可以按照调查对象的地区、人群、风格等信息整理分类后，分别抽取样本，并保证抽取的样本能反映总体情况。

（五）调研资料的收集和整理方法

调查结束后，进入调查资料的整理和分析阶段，即回收所有的调查问卷、采访记录等调研数据后，需逐份进行检查，并剔除无效数据，最后将有效数据统一编号，进行调查数据的统计。如果采用网络调查问卷的形式，直接通过计算机的统计后，按照调查的目的和要求，针对调查内容进行全面的分析工作。

三、服饰品市场调研的方法

在市场调研中，有很多的调研方法，根据调研目的采取适合的调研方法才能获得有效的调研数据。服饰品是给人佩戴的，所以针对服饰品的市场调研我们通常采用采访调研法、问卷调查法、店面考察法等调研方式是比较可靠的。

一般来说，采访调研法通过面对面一问一答的谈话形式，能够帮助调查者获得真实有效的信息，是最直接的调研方式，但是在实施采访调研法时，需要注意受访者的时间和配合程度，在问题的设定上一般1~2个问题为宜，而且采访的时间不宜过长，否则会引起受访者的心理排斥而应付采访者，这对调研结果是非常不利的。

问卷调查法是使用最多的一种调研方式，分为纸质和网络两种调研方式。问卷调研法的关键在于问题的设定和调查对象的态度，调研问卷要综合受众人群进行合理的问题设定和选项的选择，对于问卷的设计者来说是非常关键的。另外，调研对象对待调查问卷的态度也是十分关键的，所以调查问卷中的答案有很大一部分存在应付的成分，想要得到真实的信息还要通过更加细致的数据分析。

店面考察法是最直接的一种调研方式，需要调研人员长期深入店内，承担起营业员的工作角色，调研者在工作中可以结合采访调研法直接与调研对象进行深度谈话，同时对店面的整体情况也可以进行系统的考察，这种调查的结果是非常理想的，得到的数据也相对比较真实。但是店面考察法也存在不足，那就是受众面狭窄，调研的结果比较单一，不够全面。

课后训练：市场调研
要　　求：对当地的服饰品市场进行调研。
考核要点：1. 分析当地服饰品市场的种类。
　　　　　2. 了解当地人群对服饰品的需求。

第二节　服饰品设计的灵感采集

现代社会是一个充满创意和想象的时代，人们对未来充满了自信，每天都在新产品的问世中，满足人们对生活的需要，尤其是服饰设计，不仅限于提供保暖御寒的作用，更重要的是为人类打造形象、提升气质，表现和传播美的艺术。而服饰品更是锦上添花，让美的艺术再次升华。这对从事服饰品设计的人员来说也提出了更高的要求——饰品设计要有灵魂。灵感无疑是设计人员必不可少的设计前提，有了灵感的启发，才能赋予产品的灵魂。如果设计者的创作灵感消失殆尽，那将是致命的伤害。那何为灵感呢？"灵感"一词本来是外来宗教用语，与"天启"之意相通。作为"上帝的启示"，灵感被赋予了一定的神秘性。

一、设计灵感的来源

我们通常所说的灵感，是人脑的一种思维活动，它受控于人脑。通俗来讲，就是通过视觉、听觉、嗅觉、触觉等感官系统的碰触传输到大脑，大脑对其迸发出来的联想或想象，称之为灵感。灵感的获取需要设计师有见多识广的眼界，丰富的生活经验和大量的知识储备，这样在设计师身处某一活动或环境才能频繁地爆发高度敏捷和积极的思维灵感，创造出来的产品才是有价值体现的。

所以，灵感主要来源于我们对生活的观察，如自然界中花草的外形样貌、鸟兽的皮毛图案、植物的生长肌理；设计界中的雕塑造型、舞蹈形式、戏剧内容、建筑外观；社会中的政治形式、新闻报道、经济趋势、娱乐八卦等，都会成为设计师灵感的来源。通过对这些客观事物和社会生活的观察、体验、分析与研究，从而引发的灵感丰富了服饰品的多元化设计。例如，亮片装饰是服饰中经常使用的装饰物，尤其是在具有舞台效果的服装中，聚光灯下的亮片装饰能快速地将目光集中到主体身上，而将其放到生活中，通过亮片有序地叠加创造出绚烂、夺目的视觉效果的饰品，同样有其效果，阳光下神采奕奕的亮片包饰搭配纤细的流苏，刚与柔的融合，配上耀眼的光芒，无疑是生活中最闪亮的星，如图2-1所示。再如，生活中俯拾皆是的旧物，也能成为设计师创造灵感的来源，虽然塑料制品被人们当作废旧物品处理，但在设计师的手中，将资源回收再利用变为时尚的灵感创意，深受人们的喜爱。将首饰或服装中的塑料饰物运用到袜类单品中，营造出华丽俏皮的饰品风格，迎合了升级再造的流行趋势，如图2-2所示。

图2-1 亮片包饰

图2-2 袜饰设计

二、灵感的特征

（一）突发性特点

灵感是人脑通过某一物象或事件产生突发性的意识想法，这是从认识的发生角度来分析的。如果刻意去追寻灵感，其实很难找到，灵感在头脑中闪现，让人难以捉摸，它的降临是突如其来的。很多设计师创作作品的灵感就是在最早的一种突发性的状态下萌发的，来源于不同的感触刺激了一种最早的创作欲。在一般情况下，创意灵感不为意识所发现，只有当它被触碰的那一瞬间，我们的意识才能将它捕获。例如，举世闻名的圆舞曲《蓝色多瑙河》，就是奥地利著名作曲家约翰·施特劳斯依据一个突然闪现的灵感创作的，一次，约翰·施特劳斯在一个优美的环境中休息，突然灵感的火花闪现，当时他没有带纸，为了抓住闪现在头脑中的乐曲，施特劳斯迅速脱下衬衣，在衣袖上谱写了这首曲子。

（二）突变性特点

灵感是人脑针对已经发生的具体物象或事件进行思考和想象的结果，这是从认识的过程角度来分析的。人的思维意识质变有两种形式：一种是随着感性认识的不断积累，经反复思考逐渐上升为理性认识；一种是突变式的高度飞跃。灵感就是这种突变式的思维飞跃形式，一旦被触及，就会像悄然加了催化剂一样，将感性材料迅速升华为理性认识。例如，凤尾裙的产生就是来源于一场突变性的灵感。某时装店的经理在熨烫过程中不小心将一条高档呢裙烧了一个洞，其身价一落千丈，如果用织补法补洞，只是蒙混过关，若被发现就是欺瞒顾客，眼前的小洞让经理突发奇想，干脆在小洞的周围再挖一些小洞，并精心修饰，将其变为一种理所当然，美其名曰"凤尾裙"。无跟袜的诞生与"凤尾裙"有异曲同工之处，因为袜跟有固定的位置，经常磨损很容易破，一破就毁了一双袜子，商家突发灵感，试制成功无跟袜，创造了良好的商机。

（三）突破性特点

灵感是人脑通过对事物的思考和想象转化为产品的动机，这是从认识的成果角度来分析的。灵感的闪现，带来的直接结果往往是常规的设计思路被打破，为人类思维活动创造性的突然开辟一个新的境界。例如，魔术贴的发明就是瑞士工程师乔治·德·米斯特劳通过灵感的突破性的发明，一次乔治·德·米斯特劳带猎狗外出打猎时，发现猎狗的身上粘了很多苍耳，而且粘得非常牢固，通过观察他发现苍耳身上有很多小刺，但小刺并不是直的，而是像小钩子一样弯曲状的，这一发现让米斯特劳突发奇想发明了类似于纽扣和拉链功能的魔术贴。

三、灵感的收集与整理

灵感就像是我们头脑中闪过的电影片段，如果不及时抓住，它将转瞬即逝。作为设计师，我们要抓住出现在我们头脑中的每一个瞬间并记录下来，方便在日后的设计中借鉴。

每个设计师都有自己的方式记录灵感，但是很多初学者没有记录灵感的习惯，经常让很多好的灵感消逝，这里建议初学者可以通过灵感本作为记录关于设计的灵感及想法，比如一个奇特的梦、看到的新奇有趣的物品、凋零的干花、新鲜的树叶、保存完整的昆虫标本，以及拍摄的图片、文字的表述，都可以记录到灵感本上，为日后的设计做好准备。

课后训练：灵感采集

要　　求：从开始学习设计起，准备一本笔记本，随时记录关于设计的想法、所见所闻、影像资料等资讯。

考核要点：1. 收集信息要持之以恒。

2. 收集信息过程中使用的方式方法。

第三节　服饰品设计的形式美法则

设计中的形式美是对各种艺术元素加以分析、组织、利用并按照一定的规律组合起来的形式，通过变化与统一的协调增加整体的形式美，才具有审美意义，让美更有规律，更有条理，更有内涵。其组合规律体现在两个方面，一是整体组合，让整体形式达到和谐统一、舒适自然的特点；二是部分组合，通过比例、对称与均衡、节奏与韵律、对比与统一、夸张与强调、和谐与整体等表现手法让形式更有规则、更有内容、更具多样性。所以，艺术作品中的形式美，是一切艺术形式中普遍具有的一种非独立的艺术因素。形式美与内容美密切联系，一切美的内容都需要以一定的形式表现出来，但形式美也不能脱离内容而存在。

一、服饰品设计中的形式美

黑格尔在《美学》中指出，美的要素可以分为两种，一种是内在的，即内容；另一种是外在的，即内容借以出现意蕴和特性的东西。体现在服饰品设计的外在形式要素及其组合关系是给人的第一印象，引导穿着者去体验内在的意蕴和特征，产生审美感受，从而形成第二印象。

形式美法则源于客观事物，总结与研究这些法则是为了创造更美的艺术作品。形式美体现了设计者的自由创造的事物的外部形式，是人们对在实践活动中创造的美的事物的外部特征的高度概括和自觉运用的结果。所以说形式美来源于生活实践。

形式美基本原理和法则是对自然美进行艺术加工并形态化的反映，运用比例、对称平衡、节奏、对比与统一、夸张与强调、和谐与整体等形式法则，使人类在创造美的活动中不断地熟悉和掌握各种感性质料因素的特性，并对形式因素之间的联系进行抽象、概括而总结出来的。

二、服饰品设计中的形式美法则

服饰品设计作为艺术设计的一种，是以追求发挥饰品的装饰作用来烘托服装整体美为其目的。其形式美法则对于服饰品的设计具有非常重要的作用，服饰品搭配既要遵循形式美法则的规定，又要考虑不同人的风格特征。运用形式美法则不断创新求变才能为人类设计出更多更美的服饰品。

（一）比例

比例的的概念来源于数学中的黄金分割比。在服饰品的艺术创作中，比例实际上是指各个设计元素之间的尺寸比、造型比、材质比、色彩比、面积比等。服饰品设计中的比例美感构成视觉元素之间的差异化，如材质之间的差异比、色彩之间的跨度比、造型之间的繁简比

图2-3　帽饰设计

等。恰当的比例是构成和谐的美感，也是形式美法则的重要内容。例如帽饰设计中，在简洁质朴的蒲草编织帽身上，运用色彩鲜亮、图案精美、材质光滑的丝织品的丝巾加以装饰，诠释帽饰的低调与奢华，运用材质之间质朴与华丽的差异化，让帽饰看起来更具有艺术感，如图2-3所示。

（二）对称与均衡

对称与均衡是指物品或系统的一种相对稳定、和谐的状态，在不同的科学领域其含义均有所不同。在服饰品的设计中，对称与均衡更注重的是人们视觉和心理上的感受。对称是指设计中的艺术形态一分为二，两侧并呈完全相同的状态。对称的形态给人以自然、安定、端庄、稳重的视觉感受。在很多服饰品的设计中，经常可以看到对称形式的设计，尤其是富有中国传统文化的服饰设计中，经常运用对称的艺术形式。例如手套中的图案设计，手套原本就是对称的造型，加上手套中的图案元素也采用了对称的形式，增加了手套设计的整体感，使之更加和谐统一，如图2-4所示。

均衡在某种意义上来说也是一种对称，它是在对称形式的基础上将个别元素加以更改，使之在对称中追求变化，在不对称中求平衡，静中有动、动中带静，是一种比较自由的对称形式。均衡给人以动感、活泼、俏皮的视觉感受。在服饰品设计中，采用均衡手法也是比较常见的，多用于富有时尚感、流行元素以及展现个性风格的现代服饰品设计。例如，包饰造型原本是一种对称的结构设计，但是利用外饰的造型打破其对称的形式，用夸张、随意的波浪式花边装点包体，让其更有动感、更随意，再利用造型对称的蝴蝶装饰进行不规则的排列，让包饰的整体感觉更加立体，富有创意，像是展翅的蝴蝶在绽放的花朵上翩翩起舞，增加了整个包饰的动感与时尚感，如图2-5所示。

图2-4　手套上的对称图案

图2-5　包饰中的均衡设计

（三）节奏与韵律

节奏是音乐中使用的术语，指音乐中音律之间的高低、间隔长短在连续的奏鸣下所产生的视听感受。我们把音乐中节拍轻重缓急的变化与重复转变为点线面的形式，以一定的间隔、方向按规律排序，并以连续反复运动的手法运用到设计中，使设计产生出节奏与韵律的美感。在服饰品的设计中，同样需要这种节奏与韵律，使原本单纯的元素通过重复与变化，让其产生节奏和韵律，让设计富有动感美。在饰品中的设计中，加以节奏与韵律的表现手法，给人以十足的创意感和创新性。例如，在夸张的项饰设计中，利用点和线的交错排列，在设计中体现出错综复杂的线条感，表现出强烈的节奏，带动项饰整体的美感，如图2-6所示。

图2-6 项饰中的节奏与韵律

（四）对比与统一

对比与统一是构成服饰品设计诸多形式美法则中最基本也是最重要的法则。对比是指相异的元素组合在一起产生的一种明显的差异感；统一则是将这种差异感通过变化、关联、呼应、衬托达到统一协调的美感。所以，在统一中求变化、变化中求统一，使对立、互补的元素相互依存，形成和谐美的视觉感受，是设计中常用的手法。例如，利用花卉进行的项饰设计，在不同造型、色彩的花卉之间寻找共性，每个花卉的造型和色彩都是单独的个体，将其搭配在一起，利用百花齐放、百花争艳的花园共性，打造出一个别致的项饰设计，利用每个元素之间的对比与差异，组合在一起形成和谐的设计，给人以一种大气、夸张的时尚感，如图2-7所示。

图2-7 饰品的对比统一

（五）夸张与强调

服饰中的强调是为了引人注意，而夸张则是指为了达到强调的效果，有意识地使用夸大的手法强调重点，突出亮点。在服饰品设计中，夸张的艺术手段在整体的服饰搭配中起到画龙点睛的强调作用。如图2-8所示，宽板腰带在整体服饰中占据着重要的位置，简洁的服装款式配以硕大的腰饰设计，与夸张的手套在手腕处堆砌出来的形式形成一种呼应，一个平滑工整，一个凌乱动感，在服饰中突出整体的时尚感，强调设计的亮点，饰品的搭配实为整体服装的点睛之处。

（六）和谐与整体

和谐是指审美对象各组成要素及各组成部分之间处于矛盾统一、相互协调的一种状态。服饰品就是为了使服装的整体搭配和谐而存在，出彩的搭配能提升人的气质与品

图2-8 创意腰饰设计

位，拙劣的搭配则会降低人的格调。我们可以将一个完整的服饰搭配看成一道精美的菜肴，服装本身是食材，而饰品就是配料和装饰，这道菜肴不仅要有精美的品相，还要有相应的味道来衬托，同时还需要一点精美的装饰加以修饰，色香味俱全的菜肴才能受到人们的喜欢与欣赏。

课后训练：服饰单品设计

要　　求：在下列的作品绘制框内进行服饰品设计，发挥创意想象，将实用与装饰相结合。

考核要点：1. 作品能否引起共鸣。

2. 对服饰品的创意表现的构思与设计。

3. 作品创意表达的效果。

第四节　服饰品设计的思维创意

服饰设计是一种创造性的思维活动，是艺术和技术相结合的产物，它是将设计者头脑中理想化的想法结合技术工艺转化为产品的过程，其中设计者头脑中的想法就是设计的思维方式，也是艺术创作中非常重要的环节。我们通过思维中的联想设计、逆向设计、仿生设计和整合设计来分析一下服饰品设计中的思维创意。

一、联想思维创意

联想思维是人通过一个事物、人和概念联想到别的事物、人和概念的心理思维过程，正是这种联想思维，帮助设计师从别的事物中得到启发，从而拓宽设计思路，促进设计思维的发展。联想就像一把钥匙，能迅速唤醒人们头脑深处埋藏着的大量知识、经验、信息和记忆并将它们聚集起来，如同织网一样编结在一起，形成一个全新的组合。例如，雨过天晴天空中出现一条美丽的彩虹，彩虹中的色彩相互交叠映衬出美丽的弧线。通过这一自然现象，饰品设计师将其联想到饰品设计中，利用塑料的透光性，将不同色彩的塑料薄片交叠在一起，通过光感的映射，像是一道彩虹在耳边荡漾，华丽而唯美，如图2-9所示。

图2-9　耳饰设计

二、逆向思维创意

所谓逆向思维，就是多从相反的方向去思考问题。从某种程度上说，它是对固有的、公认的"真理"的大胆质疑，也是人类对未知领域中的一种追根究底的探索。尤其是在设计领域中，拥有逆向的思维尤为可贵，它是打破传统的一种探寻，是反其道而行之的一种尝试。在服饰品设计的领域，也有很多逆向思维的设计作品。如图2-10所示，这款反向雨伞的设计就是充分利用了逆向思维的原理。传统的雨伞湿面朝外，进入室内后，雨伞上的水顺着伞面下滑会弄湿地板，贴着衣服或放进包内会沾湿衣物和包内物品；再者传统的雨伞是向内收拢，有时上车收伞时会卡住车门，把雨水溅到衣服上和车内。这款反向雨伞的设计则解决了以上问题。反向雨伞是自内向外收拢，收拢后的伞面就是打开后的伞里，表面干爽，不会弄湿贴身的衣物，上车收伞时，雨伞也是自下而上收拢，随着车门的关闭，刚好可以将雨伞收起，收伞过程中不会打湿衣物，方便快捷。

图2-10　反向雨伞设计

三、仿生思维创意

仿生学是在生物科学与技术科学之间发展起来的，它是利用模拟生物系统的原理来构建技术系统的一门新兴边缘学科。仿生设计是在仿生学的基础上发展起来的，运用仿生性思维进行设计可作为人类社会生产活动与自然界的契合点，可使人类社会与自然达到高度的和谐统一。服饰品设计中的仿生设计屡见不鲜，如通过仿生飞禽的翅膀形态而设计的创意项饰，就是设计师通过观察不同飞禽的翅膀，借鉴其配色，将翅膀下的挂件与翅膀融为一体，使配饰显得华美而生动，如图2-11所示。

图2-11　仿生饰品设计

四、重组思维创意

法国分子遗传学家F·雅各布说过："创造就是重新组合。"创造性思维是一种综合性思维，比较、类比和分析是一种联动性思维。服饰品设计师就是要有将这种创造性思维与联动性思维组合在一起的重组思维，整合各种信息，创造性解决问题的能力。

课后训练：思维创意设计

要　　求：请结合联想思维、逆向思维、仿生思维进行饰品设计。

考核要点：1. 作品能引起共鸣。

　　　　　2. 对思维创意的理解与运用。

　　　　　3. 作品创意表达的效果。

第三章　实用性服饰品设计

第一节　帽饰设计

一、帽饰的发展历史

（一）中国帽饰的发展

我国古代，平民无帽而有巾，人们用丝、麻质的巾来包头或扎发髻。巾，原是平民劳动时围在颈部擦汗用的布，由于自然界中风沙、酷热、寒流对人类的袭击，后来将巾从颈部逐渐裹到了头上，在保暖、防暑、挡风、避雨、护头等实用功能的基础上，逐渐演变成为帽子的形式。如今西南少数民族使用的"包头巾"便是历史遗留，图3-1为哈尼族包头巾。

我国古代权贵人士非常注重帽子的佩戴与形制，人们将帽子统称为首服，其功能不是御寒保暖，而是标志其地位和权力的大小，象征着统治权力和地位的尊贵。其中将帝王和文武百官所佩戴的首服命名为"冕"和"冠"，皇帝戴的帽子称为"冕"，文武百官戴的帽子称为"冠"，这就是中国古代的冠冕制度。

奴隶制社会中的冕服为冠服制度中最为严格的，是天子率百官举行各种活动时的服制。其中，冕是帝王专属的首服，其形制大体一致，在圆形帽卷上覆盖一块冕板，冕板后高前低。冕板前悬有旒，按照参与活动的重视程度，依次按照12、9、7、5、3旒递减，其中12旒最为尊贵。旒用五彩绳穿五色玉珠，冕有多少旒，则每旒穿多少珠。冕冠左右各开一孔，玉笄穿过与发固定，笄两端系有纮，绕于冕者颈下，以固定冕于头上。笄两端垂丝球与耳旁，帽卷固定有一条长带，横贯左右而垂下，成为天河带（图3-2）。

图3-1　哈尼族包头巾

图3-2　汉代冕冠

封建社会前期的冠是古代男子必戴的首饰，表示身份地位的同时，也折射出各时期的社会风貌和人们的审美趣味。由于封建社会前期处于战乱时期，各地域的文化不同，冠的形制在各时期中形成了楚冠、秦冠、汉冠。楚冠是楚国冠制，其形制为头顶高冠，配以细腰的服制衬托出修长之美；秦代冠巾一律为黑色，在秦朝统一六国后对冠服制度作了大规模的调整，去除周代的六种冕服色种，保留玄冕；汉代传承和发展了19种冠式，其中进贤冠是历史上影响最为深远的一种。进贤冠为文官佩戴，前高七寸，后高三寸，长八寸，其区别在于冠上的梁数，以三梁最为尊贵，在佩戴进贤冠时，要先戴帻，再加冠。帻是男子用来整理长发所用，也可以单独使用。

封建社会中期的冠帽制度最值得注意的就是唐朝的幞头。幞头原名折上巾，由汉末魏晋的幅巾演变而来。初唐的幞头样式为"平头小样"，顶上巾子低平，后演变为"内详巾子"，顶部大而圆、分两瓣府向前额，后又演变为"官样巾子"，顶上突高，小头尖圆而不前倾，这一时期的幞头均为两脚下垂，通称为"软脚幞头"。中唐，巾子从前俯演变为直立，晚唐则微微后仰，顶部分瓣不明显，两脚渐渐平直或上翘，称为"朝天幞头"。五代时期发展为"硬脚幞头"（图3-3），宋朝演变为"直脚幞头"。

封建社会后期的冠帽制度中，清代的冠帽是变化最大的。清代冠帽分为朝冠、古服冠、常服冠和雨冠。它们都有各自不同的形制，为了增强使用功能又分为冬用和夏用。区别于官员品级的主要是冠帽中的顶戴花翎，顶戴就是冠帽上面的顶珠，上至皇帝下至百官，都有严格的规定。在高级官员的帽顶后面还插有一束孔雀翎毛，称为花翎。翎眼就是翎上的圆圈，分为单眼、双眼和三眼，官员的品级越高，眼数越多。

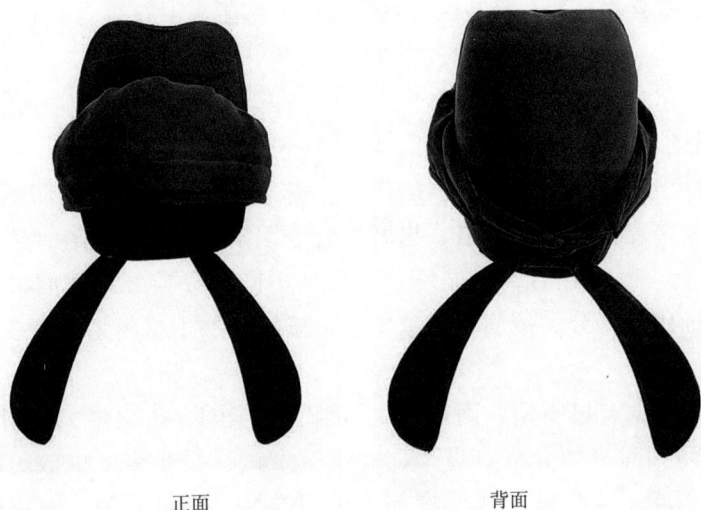

| 正面 | 背面 |

图3-3　硬脚幞头

（二）西方帽饰的发展

帽子在古代的西方是身份的标志，一直盛行于欧洲。自古埃及开始，冠帽就是社会阶级的象征，一般的埃及人是不能带冠帽的，法老与神祇戴着不同的冠帽，其象征意义也是不同的。埃及在纳尔莫的统一下分为上下埃及：上埃及的王冠呈白色高大状，外形如一根柱子；下埃及是红色平顶王冠，可套于白王冠上，冠顶后侧向上突起。

12～16世纪是哥特式艺术的盛行期，由于受到哥特式建筑的影响，哥特式时期的帽子也呈现出尖顶高帽的形式，男帽帽尖呈细长的管状，可以披在肩上或垂于脑后，也可以缠在头上，其长无比，最长的甚至拖与地面（图3-4）。女子的帽饰也非常丰富，其中最具代表性的帽子为汉宁帽。汉宁帽为圆锥形的高顶帽，用布粘成长长的圆锥，并装裱上高级面料，帽口加长及肩部的披饰，帽尖也装饰长长的饰物，和男子的一样拖垂于下。

17世纪，帽子的身份象征更加明显，规定了各种身份的人的帽子样式，如国王戴金皇冠，公民戴暗色帽子，破产的人戴黄色帽子，囚犯戴纸帽子等。同时人们对头顶上的高度开始有了异常夸张的崇拜。

18世纪的皇家贵族将帽子的高度作为身份的象征。除此之外，还崇尚编发和假发，专业的编发工人会依据雇主需求先打造发梯，再沿着竹梯一路编起来，编完后在上面设计适当的帽子和装饰。这个时期的帽檐十分宽大，帽檐上可以装饰各种东西，如花卉、鸟标本、水果篮

图3-4　哥特式男帽

等，宽松膨大色彩艳丽又容易造型的羽毛成为这个时代帽子装饰的最佳选择，各种不同质地的羽毛被做成各种不同造型的帽子，配上盘发后争奇斗艳，异常华丽。

19世纪初，受工业革命的影响，男子流行高筒形帽，据说高筒形帽是工厂高耸云烟的烟囱的反映，与三件套装构成礼仪不可缺少的服饰。

20世纪初，女服分为日装和晚礼服。日装要戴大帽子，上有鸵鸟羽毛、玫瑰花球等装饰物，奢华而高贵。

二、帽饰造型分类

帽子在现代社会中占据着非常重要的作用，身兼冬季保暖、夏季防晒的实用与装饰性功能，帽饰跟随季节变化、着装风格、出席场合等因素的变化，也在改变着风格和样式，搭配在人们的身上，散发魅力、彰显气质。根据不同的分类方式我们将帽饰分为几个大类，分别是按帽饰用途划分、按使用对象划分、按帽饰加工材料划分、按帽饰款式特点划分等。

按帽饰用途划分，有风雪帽、雨帽、太阳帽、安全帽、防尘帽、睡帽、工作帽、旅游帽、礼帽等；按使用对象划分，有男帽、女帽、童帽、婴儿帽、少数民族帽、军帽、警帽、水手帽、情侣帽、牛仔帽、职业帽等；按帽饰加工材料划分，有皮帽、毡帽、毛呢帽、草帽、竹斗笠等；按帽饰款式特点划分，有贝雷帽、鸭舌帽、钟形帽、牛仔帽、前进帽、青年帽、披巾帽、无边帽、龙江帽、京式帽、山西帽、棉耳帽、八角帽、瓜皮帽、虎头帽等。

三、常用帽饰的种类特征

按照帽型通常将帽子分为有檐帽和无檐帽，下面按照帽檐的分类以及创意型帽子分别介绍一下不同种类帽子的特征。

（一）有檐帽的特征

1. 钟形帽

又名金钟帽，由法国设计师卡罗琳·瑞邦在1908年发明。由于钟形帽的造型像是一个挂钟，故取名为法语单词"Cloche"，意为"钟"。风靡于20世纪20～30年代的美国。钟形帽帽顶较高，帽身的形态方中带圆，窄帽檐自然下垂。钟形帽通常采用毛呢、毛料或比较厚实的织物制作，有些在帽檐与帽身的连接处装饰一些花饰。

传统的钟形帽给人以温暖、优雅、恬静的气质，呢质帽身，配以同质蝴蝶花饰，将女性柔美、温婉的气质展现得淋漓尽致，再配以同质、同色的风衣，修长、高挑的女性气质突显出来，如图3-5（a）所示；经过现代设计师的改良与创意，钟形帽打破了传统女性甜美、文静的风格，朝着俏皮、时尚的方向发展，黑色的帽身上分散着不规则的斑点，像是夜色下的点点星光，迷人而富有魅力，如图3-5（b）所示；在个性舞台中，钟形帽也丝毫不逊色，与皮革、铆钉、金属等装饰相搭配，钟形帽扮相酷野、高冷、时尚、神秘，充分发挥着它的个性与魅力，如图3-5（c）所示。

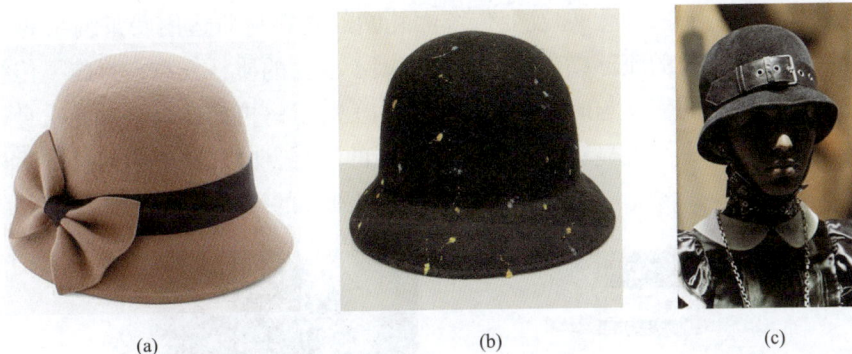

(a)　　　　　　　　　　(b)　　　　　　　　　　(c)

图3-5　钟形帽设计

2. 渔夫帽

渔夫帽又名水桶帽，帽身高、帽檐向下倾斜且较窄的一款男女皆可佩戴的休闲帽饰。渔夫帽质地柔软，可折叠后直接放到口袋中方便携带，其帽身与帽顶用明线连接，棱角分明，常用于徒步、钓鱼等室外活动，深受人们的喜爱。

今天的渔夫帽已然变为一种时尚潮品，材质、色彩或是造型都有着千变万化的设计，如用质朴清爽的牛仔面料打造休闲、自然的都市风格，率真潇洒的渔夫帽是男女青年表现个性的时尚单品；若配以奢华的宫廷图案可彰显贵族雍容的气质，风格多变的渔夫帽无一不在诠释它的时尚，与不同的服装搭配彰显不同的风格魅力，受到很多青年男女的追捧与喜爱。如图3-6所示为渔夫帽的造型设计。

图3-6　渔夫帽造型设计

3. 大礼帽

大礼帽是流行于19世纪末到20世纪初的一种阔边、平顶、高筒的男用帽饰。由于手拿文明棍，头戴大礼帽，身着笔挺的西装，足登亮皮鞋是19世纪英国绅士的标准搭配。所以，大礼帽又名绅士礼帽。近代，穿着西式服装戴大礼帽，为男子最庄重的服饰。大礼帽在戏剧舞台中又称为魔术帽，在欧美的魔术师手中发挥了巨大的作用，传统的西方魔术中，少不了一顶大礼帽和一根魔术棒。

现代大礼帽设计形式多变，如改变传统大礼帽的呢料材质运用藤条编织的手法，帽身处以宽条装饰图案和长长的流苏帽带让大礼帽充满了乡村的质朴气息，打破了传统礼帽的优雅气质，增添了现代感的俏皮与时尚，如图3-7（a）所示；再如，以高耸的帽身、宽大的帽檐，与宽条皮带相结合，又可显示出由大礼帽呈现的酷野、帅气的气质形象，犹如高贵的绅士透着桀骜不驯的叛逆，传统与现代的结合，展现出别样的风采，如图3-7（b）所示。

(a)   (b)

图3-7　大礼帽造型设计

4. 圆顶硬礼帽

圆顶硬礼帽帽顶呈半圆形，搭配平直帽檐，1850年由英国人詹姆斯·寇克发明。起先设计的出发点是利用硬式材质来保护头部。世界幽默大师卓别林头上戴的就是圆顶硬礼帽，他头戴礼帽、身着燕尾服、手执文明棍、足蹬黑皮鞋的经典形象深深印刻在人们的脑海中。圆顶硬礼帽后来演变为英国绅士和文化的象征（图3-8）。后期，圆顶礼帽也作为女性的帽饰所佩戴，女性的圆顶礼帽相对于男性帽饰在色彩上更加丰富，有些还配有花饰、丝网等装饰，女性的圆顶礼帽常采用呢质面料，帽身挺括，多与秋冬装同质服装相搭配，显示出女性的高贵与优雅，深受广大女性的喜爱。

图3-8　世界幽默大师卓别林的圆顶礼帽

5. 棒球帽

棒球帽是跟随着棒球运动一起发展起来的。由于这项运动的特殊性，需要遮挡头顶的太阳光对运动员眼睛的照射，从而获得更好的成绩，棒球运动员才戴上前面有檐的帽子进行比赛，这就是最早的棒球帽。棒球帽帽身的分割线变化较多，造型丰富，帽檐趋于帽身正前方且微微往内卷曲，是现代青年男女非常喜爱的一种帽饰，显示出活力、运动、年轻、动感的风格特点。帽饰造型各异、材质多样、色彩丰富，深受不同年龄层次人群的喜爱，图3-9所示为棒球帽造型设计。

图3-9　棒球帽造型设计

6. 前进帽

前进帽是一款男女通用的帽饰。前进帽帽身与帽檐重叠，后高前低，帽檐扁平，帽身与帽檐中间多用暗扣相连接，材质则大多选用花呢布料制成，比贝雷帽形状更固定，适合于头顶部较饱满的人群使用。前进帽佩戴起来给人感觉休闲、帅气，是一款风格比较中性的帽饰，如图3-10所示。

传统的前进帽多以素色为主，黑、灰色居多，与商务休闲装相搭配，给人以沉稳、文雅的男士形象；经过后期的改良，前进帽在材质上、色彩上都有了很多的变化，如皮质、条格纹样、花式纹样的前进帽在设计师的手中任意搭配，抛除传统的形象给人以俏皮、时尚的外在形象。除此之外，前进帽也深受女性的喜爱，能打造一种时尚、帅气的中性风格。

图3-10　平檐帽造型设计

7. 水手帽

水手帽起源于希腊。原是海军服饰中的专用帽饰，被设计师改造后成为日常生活中的常用帽饰。水手帽帽身隆起饱满，帽檐硬挺微微向内卷曲，帽身与帽檐中间有一条装饰带，有些帽饰的装饰带两边用金属扣固定，风格帅气、潇洒。水手帽材质多为呢质等厚重面料，多以春秋装搭配居多，柔软的帽身与硬挺的帽檐形式强烈的对比，随和又有原则，给人以一种潇洒、帅气的风格特征（图3-11）。

图3-11 水手帽造型设计

8. 报童帽

报童帽来源于爱尔兰，常见于19世纪街边叫卖的报童们，当时几乎所有的报童都会戴这样一顶帽子。报童帽帽身柔软、造型随意而简单，有很强的街头感，非常适合打造街头混搭风格。报童帽与前进帽、水手帽的造型相类似，帽顶圆润、饱满，相较于前进帽柔软但又比水手帽挺括，帽檐突出又藏于帽身，处于半露半遮的状态，给人以实足的时尚感，搭配西装等中性服装，体现出女性帅气、率真的时尚气息，如图3-12所示。

图3-12 报童帽造型设计

（二）无檐帽的特征

1. 贝雷帽

贝雷帽是一种无檐软质式军帽，通常作为一些国家军队的别动队、特种部队和空降部队人员的标志。贝雷帽具有易折叠、不怕挤压、容易携带、美观等优点，由于面料柔软，还可以在帽上套钢盔，是军用的代表性帽饰。生活中的贝雷帽在款式上有些变化和创新，在佩戴时将帽贴近头部，并向一边倾斜，呈现精美干练、潇洒大方的气质形象。贝雷帽的另一种表现形式是帽顶带有一个小尾巴，人们称为"画家帽"，这种帽子佩戴起来艺术范儿十足（图3-13）。

图3-13　贝雷帽、画家帽造型设计

2. 药盒帽

药盒帽因形似药盒而得名。属无檐帽，帽顶平圆，帽身较浅，帽口较小。帽身通常配以网纱、花饰、羽毛等装饰，是一种装饰性很强的帽饰。适合大型宴会、外交等正式场合中佩戴，显示女性的妩媚。药盒帽通常采用毛呢、毡等材质制成，突显品质感和造型特征，如图3-14所示。

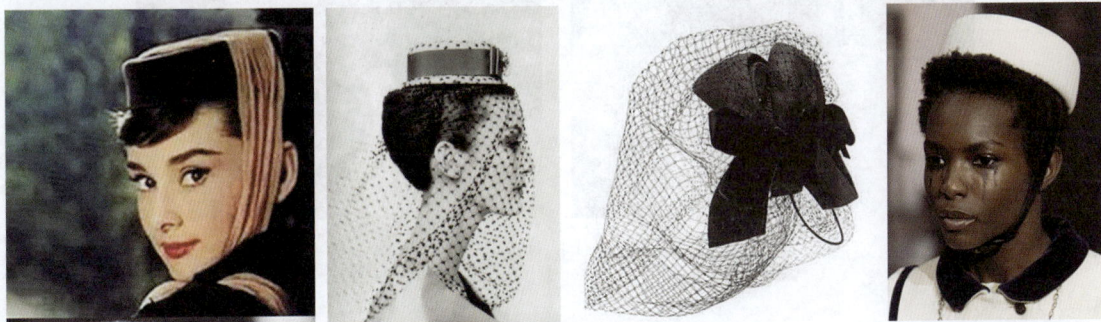

图3-14　药盒帽造型设计

3. 滑冰帽

滑冰帽起源于滑冰运动，帽身简单，贴合运动员头部，属无檐帽系列。帽身不遮挡视线，方便运动。由于运动项目是在冬天雪地中，所以材质多为毛线，透气保暖。滑冰帽经过改良，演变出很多款式，如将帽形拉长堆在脑后，或者在帽顶装饰一个可爱的毛球等。还有一些非常具有创意的帽饰设计，如将帽饰设计成一棵圣诞树，有趣而时尚。滑冰帽款式多样，深受青、中年人的喜爱，男女老少皆可佩戴（图3-15）。

4. 护耳帽

护耳帽的前身是一种贴于头部和颈部，并在领下系带的一种帽型，是一种欧洲传统的女士帽饰——罩帽，18世纪曾在妇女中广泛流行。传至现代，罩帽宽阔硬挺的帽檐逐渐消失，两侧的帽身延长下垂护住耳朵，称护耳帽。护耳帽多为针织材质，色彩丰富、厚实保暖，多为冬季使用。护耳帽多以毛球加以装饰造型，体现出年轻、可爱的特点，在儿童和青少年女性中使用较为广泛（图3-16）。

图3-15 滑冰帽造型设计

图3-16 现代护耳帽造型设计

5. 瓜皮帽

瓜皮帽形成于我国历史明初，当时更广泛的名称是"六合一统帽"，简称"六合帽"，含有"天下一统"的政治寓意。因其由六块黑缎子或绒布等连缀制成，底边镶一条一寸多宽的小檐，形状如半个西瓜皮，故而得名。现代瓜皮帽形式上基本保持其造型，材质上经过改良，演变为一种现代时尚，深受年轻人的喜爱（图3-17）。

6. 连衣帽

连衣帽，顾名思义，与服装衣身连于一体成为连帽上衣，其帽身材质与上衣材质相同，不戴时可垂于后背。有的则通过拉链或纽扣连接帽子与衣身，可以随意拆卸。连帽衣多为运动休闲装、冬装等，给人感觉动感十足、年轻活力。连衣帽色彩多与衣身同色，上下一致的色彩设计，让衣身整体更具整体感，有些则采用撞色的设计方式，相对于同色的统一感，撞色设计更具有时尚和变化，洋溢着青春的气息（图3-18）。

图3-17 现代瓜皮帽造型设计

图3-18 儿童连帽衣

7. 斗笠

斗笠帽顶较尖、向下延伸呈倒锥形，用竹料编织成环形帽座，内附带状支撑物，帽子不与头部直接接触。头顶的倒锥形与头顶之间留有空间便于透气，通风性好。帽身主要为天然竹料或草绳等编织而成，结实耐用、凉爽遮阳，多为乡下或炎热地区的民间帽型（图3-19、图3-20）。

图3-19 蓑衣、斗笠

图3-20 斗笠设计

（三）创意型帽饰

创意型帽饰可以让设计师放开思维，任意发挥，将各种元素、造型集中在一顶小小的帽饰上，感受着它的魅力。就像每年六月的第三周，英国都会举办一场盛大的阿斯科特皇家赛马会。英国专业赛马会以盛装与时尚而闻名，男士们的服装几百年来变化不大，绅士晨礼服和黑色或灰色高礼帽是出席皇家赛马会男士的标配；而女士一般着裙装，裙长必须达到或超过膝盖，也可以着裤装，裤长必须遮住脚踝，最为特别的是所有女士都必须戴帽子或直径超过10厘米的头饰。人们戏称赛马会的第三天为"赛帽会"，因为所有女嘉宾都会在这一天将或夸张、或淑女、或艳丽的帽子佩戴在头上，一展玩趣搞怪的头顶风情。女士们头顶的帽子像孔雀开屏，造型各异、别出心裁，令人赏心悦目。贵族范儿、个性优雅、极致奢华都是它的标签，也是淑女们展示时尚服装与创意帽饰的舞台，如图3-21所示为英国赛马会2018年、2019年出现的创意型帽饰。

图3-21　英国赛马会2018年、2019年创意型帽饰

四、帽饰设计

在进行帽饰设计之前，我们要先了解帽饰的结构，帽饰一般由帽顶、帽腰、帽身、帽檐和帽边等五部分组成。帽饰的设计要结合整体造型、色彩搭配、装饰亮点以及材料选择进行设计。

（一）造型设计

设计帽饰前，首先要确定帽饰的造型款式，把握住整体方向，才能进行细节的设计。造型风格可以体现在帽身的变化或者帽檐的变化上。帽身的长短、宽窄、上大下小或者上小下大等，都是帽身设计的范畴；而帽檐的宽窄变化、倾斜角度以及帽檐的无规则变化也是帽身造型的设计要点，所以帽身的造型设计，是设计帽饰的关键所在（图3-22）。

图3-22　帽檐造型设计

（二）色彩设计

帽饰的色彩是帽饰设计的关键，适宜的色彩搭配能为独特的帽饰风格锦上添花，反之则

会破坏其整体设计风格。色彩搭配主要为净色、同类色组合、类似色组合、对比色组合以及混色组合等多种组合元素。

1. **净色**

净色是指帽身从上至下使用一种颜色，这样的帽饰是比较常见的，整体给人以完整、统一的视觉形象，帽饰风格相对比较传统，生活化。净色的帽饰上下一致相对比较单一，要想增加其变化感和层次感，可以在材质上做文章，增加材质的肌理效果是非常可取的设计方法。例如，在净色针织帽上，运用针织手法编织出不同的花纹图案，让平面的帽饰展现立体的视觉效果，在净色帽饰上体现出材质的肌理感，营造可爱、俏皮的帽饰风格（图3-23）。

图3-23　净色帽饰设计

2. **同类色组合**

同类色组合的帽饰相较于净色有了过渡的色彩变化，打破单一、呆板的整体，通过色彩的变化在视觉上给人以清新、自然、沉稳、舒适的感受。同类色搭配的帽饰设计，如果色彩之间比较接近，色差较小，给人以稳重、大气、统一协调的色彩感觉，比较适合中、老年造型风格，如图3-24（a）所示；如同类色之间的明度差较大，则给人一种明快、活泼、亮丽的色彩感觉，比较适合青少年的服饰造型搭配风格，如图3-24（b）所示。

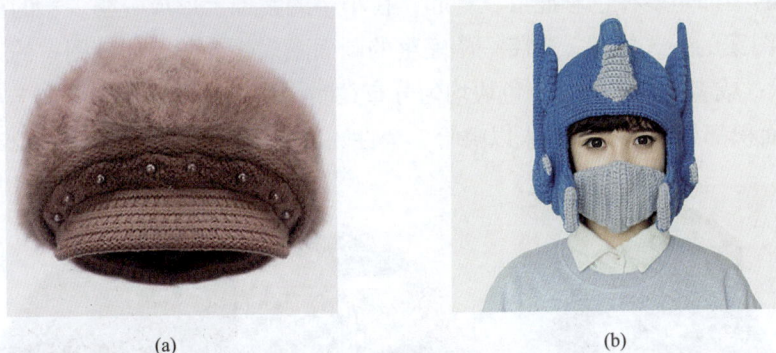

(a)　　　　　　　　　　　　　　　　　(b)

图3-24　同类色帽饰设计

3. **类似色**

类似色组合相较于同类色组合的帽饰在色彩对比上层次更加分明，色差较大，增添了帽饰的视觉冲击力，让色彩之间更有跳跃性，给人以轻松、活泼、时尚、大气的视觉感受，如在净色的帽饰上运用类似色进行装饰，增加帽饰的变化与动感（图3-25）。

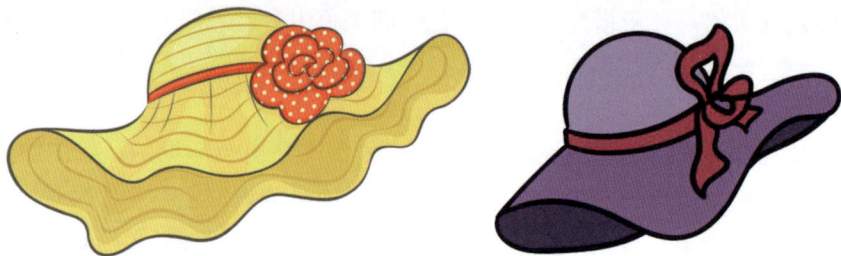

图3-25 类似色帽饰设计

4. 对比色搭配

运用对比色的搭配可使帽饰整体色彩更加鲜亮，反差越大则越抢眼，越能成为服饰中的主角。但在使用对比色搭配时要注意其比例关系，拒绝平均分配，要让帽饰突出主次，形成对比，才能凸显出独特的对比韵味。图3-26所示为对比色帽饰的造型设计，帽顶与帽边互为同类色、上下呼应，中间的蓝色条纹就尤为突出，搭配白色的帽身，显得干净、纯粹。

图3-26 对比色帽饰设计

5. 混色搭配

混色搭配的帽饰是多种色彩混搭在一起，在小小的帽饰上形成一幅多彩的视觉形象，多色混搭可以用图案的方式体现，即将一幅完整的画面融入帽饰中，体现图案的完整度，如图3-27（a）所示；或者以抽象的几何色块均匀分布在帽饰中，让帽饰色彩更加丰富多彩。混色的每个色彩的面积都相对较小，给人以嘻哈、个性、独特的风格特点，如图3-27（b）所示。

(a)

(b)

图3-27 混色帽饰设计

（三）装饰设计

在帽饰上增加饰品，是展现帽饰魅力的重要手段。18世纪的西方，华丽的帽饰达到了设计的巅峰，任何一顶帽饰都有着极其奢华的装饰，如花结、网纱、羽毛、刺绣、珠片、草叶等都能够放在帽饰上做点缀和装饰。如今帽饰上依旧需要装饰，生活帽饰的装饰品运用大多在帽饰上起到了锦上添花的点缀作用，而舞台效果的帽饰中，装饰才是帽饰的主要元素和看点。

日常生活中的帽饰装饰相对来说比较低调质朴，在基础帽饰上运用装饰，让帽饰更加有亮点，吸人眼球。如在黑色的帽饰上配以晶莹剔透的反光花饰，让原本暗沉、吸光的针织帽饰变得潮流、时尚且富有个性，如图3-28（a）所示；或是将可爱的糖果造型运用发散式图案法则，有规则地分布在帽身处，造型小巧、色彩丰富，再配以硕大的毛球让整个帽饰充满童趣，如图3-28（b）所示；而在具有舞台效果的帽饰上，装饰则是帽饰的一大亮点，硕大的帽饰上运用大面积同类色花饰，让帽饰更加夸张、奢华，重现欧洲帽饰鼎盛时期的艺术风格，如图3-28（c）所示；高耸的帽顶，宽阔的藤编帽檐，配以枯枝的缠绕，草藤与枯枝的结合，营造出一种恐怖、神秘、另类的艺术风格，如图3-28（d）所示。

(a)

(b)

(c)

(d)

图3-28　帽饰的装饰设计

（四）材质选择

材质的选择是帽饰的基础，是以人为本的关键。以实用为基础的帽饰设计，材质的选择是非常关键的，不仅要根据季节选择合适的材质，还要让人感觉舒适和安全，而装饰性较强的帽饰在材质的选择中更加广泛。

五、帽饰搭配

帽饰是服饰品中重要的服饰配件，实用性强，冬天保暖、夏季遮阳，深受人们的喜爱，但是帽子的佩戴也要讲究搭配，下面我们就帽子与脸型、肤色、服装三个方面谈一下帽饰的搭配。

（一）帽饰与脸型的搭配

1. 瓜子脸

瓜子脸型上宽下窄，天庭饱满，下巴消瘦，是现代女性追求的完美脸型。瓜子脸型的人适合佩戴种造型的帽饰，佩戴时要注意帽型深度适中，以露出脸型的1/3左右最佳，能够露出女性消瘦的下巴，显示出脸的小巧和精致，提高整体的搭配效果。

2. 方脸型

方脸型头顶与下颌之间的距离较短，且下颌方正、棱角分明，偏男性化。由于脸型短小，方脸型的人在佩戴帽饰时可适当增高帽顶的高度，以此来拉长头部的视觉比例，同时帽身要圆润，不要再佩戴有棱角的帽饰，否则会强化棱角、凸显面部造型，佩戴帽饰时脸部露出3/4为宜。比较适合的帽型有牛仔帽、卷边帽、礼帽等。

3. 圆脸型

圆脸型头顶与下颌之间距离较短，与方脸型不同的是，圆脸型的下颌较为圆润，凸显可爱气质。圆脸型的人如要改变可爱的形象，在佩戴帽饰时要选择棱角分明的帽身，如方形帽身、尖顶帽身或多边形帽身，可以在视觉上弱化脸部的圆润感，给人以成熟的形象特征，适合的帽饰有鸭舌帽、工兵帽、骑士帽等；如果圆脸型的人想要突显可爱本质，也可以选择造型圆润一点的帽饰，这样可以强化可爱、俏皮的形象特征，适合的帽饰有罩帽、连衣帽等。

4. 长脸型

长脸型头顶与下颌之间的距离较远，脸型消瘦。在佩戴帽饰时不宜选择帽身过高的帽子，不然会使脸型显得更长，所以长脸型的人应尽量选择具有横向视觉的帽饰，如渔夫帽、大檐帽等，宽大的帽檐会将人们的视线往两边延伸，从视觉感观上缩短脸型的长度。长脸型佩戴帽饰时脸部以露出2/3为佳。

（二）帽饰与肤色的搭配

1. 肤色红润

肤色红润的人给人以运动、健康、精神饱满的感觉，可以与很多色彩协调，但是不宜佩戴红色系列的帽饰，否则反倒会破坏肤色的健康感。

2. 黄色皮肤

黄色皮肤的人肤色偏暗，在佩戴帽饰时适宜选择戴深茶色、米灰等色的帽饰，深色调会提亮黄色皮肤的整体感觉，使得黄色皮肤的人看起来白皙、健康。黄色皮肤的人不宜戴黄、绿色的帽饰，黄、绿色会与黄色皮肤融合，加重黄色的色彩，会给人以肤色暗黄不健康的感觉。

3. **皮肤黝黑**

皮肤黝黑的人给人以健康、充满活力的感觉，非常适合色彩鲜艳的帽饰，但是在选择帽饰的色彩时要注重着装的整体效果，根据服装来搭配帽饰效果。

4. **白色皮肤**

白色皮肤的人在佩戴帽饰时适用的色彩比较多，很多颜色都能驾驭。但皮肤过白容易给人以柔弱感，所以选择帽饰的颜色时要尽量避免白色或近似色。

（三）帽饰与服装的搭配

1. **色彩搭配**

生活中佩戴帽饰时，大多选择佩戴与服装主体同色或相近的帽饰，这样能够很好地协调整体的形象，给人以整体高挑、挺拔的气质形象，以及清新高雅的视觉感受。近色搭配虽然不易出错，但想要搭配出理想的效果还要注意细节上的选择。帽饰与裙装同为净色，上下呼应形成统一，上装的条纹用淡绿色将紫色分隔，增加其整体的层次感。整体着装上下统一却不单调，给人以活泼、青春、亮丽、自然的时尚美感，如图3-29（a）所示；再如桃红色针织衫搭配同色系画家帽，针织衫网眼的稀疏与呢质帽饰的细腻形成鲜明的对比，整体着装同色不同质，减少单调、增加变化，给人以清丽脱俗的视觉感受，如图3-29（b）所示。

| (a) | (b) |

图3-29　帽饰与服装的近似色搭配

北方的冬季被冰雪覆盖，枯枝摇曳，处处充斥着萧条与冰冷，是人们多彩的着装丰富了这苍白的空间，温暖了寒冷的冬季。五彩缤纷的着装与漫天的灰白色形成鲜明的对比，让整个空间变得有色有味。正如在服饰色彩中，亮丽的颜色正如冬季中那把燃烧的火苗，点亮了人们的眼睛。例如，一身蓝紫色的休闲装给人以沉闷、压抑的视觉感受，但是搭配一顶亮色的枚红色棒球帽，不仅提亮了整体着装色彩，使之变得活泼、青春，更加强化了整体服饰的休闲风格，如图3-30（a）所示；再如，一身银灰色的套装充满未来元素的时尚感，同时也给人以清冷、强硬的距离感，搭配一顶厚重的毛线帽，将暖粉色与黑色融合，配以花饰点缀，显得温暖而俏皮，与服装高冷的气质形成对比，给人一种别样的时尚感，如图3-30（b）所示。

(a)　　　　　　　　(b)

图3-30　帽饰与服装的亮色搭配

2. 材质搭配

　　帽饰是一年四季都会佩戴的服饰品，冬季防寒保暖，夏季防暑防晒，实用性很强。所以，帽饰的材质是跟随季节、服饰的变化而变化。冬季大多以厚重的服装为主，呢、线材质的帽饰是最适合不过的，为了与整体搭配协调，可根据服装主体的材质而选择不同帽饰。黑色的长毛外套厚重而温暖，搭配造型硬挺的同色呢质钟型帽，运用软与硬、粗与细的材质对比，凸显整体造型的变化感，加上长毛外套与帽顶硕大的毛球形成呼应，整体搭配刚中有柔、粗中有细的材质变化，打破了色彩的单调，增加了材质的变化，让整体造型显示出一种高贵、典雅的气质，如图3-31（a）所示。春、夏是多彩的季节，人们换下厚重的衣衫，换上轻薄的衣裙，多彩的生活才更有生机、更有活力。同时，作为帽饰也是人们必不可少的穿搭选择。例如，时尚卫衣搭配鸭舌帽，卫衣松垮的造型感与简单、利落的帽饰，给人一种街头嘻哈风，洋溢着青春、绽放着活力，花饰衬衫搭配草编小礼帽，充斥着复古与前卫、潮流与时尚的气息，如图3-31（b）、图3-31（c）所示。

(a)　　　　　　(b)　　　　　　(c)

图3-31　帽饰与服装的材质搭配

3. 款式造型搭配

色彩、面料、款式造型是体现服饰设计的三大要素，款式造型的整体感是体现服饰搭配的重要元素之一。选择与服装款式相符的帽饰也是作为帽饰选择的重要条件，依照整体造型搭配合适的帽饰能让整体更加完整、统一。不同的着装风格搭配的帽饰也有所区别。例如，身着运动服装时，搭配一顶运动帽进行组合，能给人以精神矍铄、动感十足的生活状态；身着休闲装时，由于休闲装的款式多变、风格各异，可根据不同的风格的休闲装搭配不同款式的帽饰；身着正装时，帽饰更加要慎重选择。英国女王伊丽莎白被人称为"帽子皇后"，她出席各种场合所穿的正装都有帽子与之相搭配，体现出庄严、郑重、整体的视觉形象。

课后训练：帽饰设计

要　　求：请同学们进行常用帽饰和创意帽饰（2020年英国赛马会）的设计，发挥创意想象，将实用与装饰相结合。

考核要点：1. 作品能引起共鸣。

2. 对作品创意表现的构思与设计。

3. 作品创意表达的效果。

第二节　包饰设计

一、包饰的发展历史

（一）中国包饰的发展

中国最早的包袋称为囊。外出远行或外出时，将随身携带的干粮、物品放置囊中，起盛物、收纳的作用。早在商周时期，民间已有佩囊的习惯，也是我国最早的包袋原型。随着朝代的变更，佩囊的材质、用途都发生了改变，其称谓也随之变化。

周代，贵族男女成人后，要求男女随身携带一些必用工具，女性所佩戴的物品中，施縏帙（装针线的囊袋）、衿缨（香袋，内置香草、避免蚊虫叮咬）都是必备的物品。周代以后，佩囊不仅是女性使用，男子也有使用，除盛放一些零星细物之外，还有一些特殊的用途，如存放印绶、笏板、鱼符、文具、钱币、什物、香料等物件，如图3-32所示为古代佩囊。

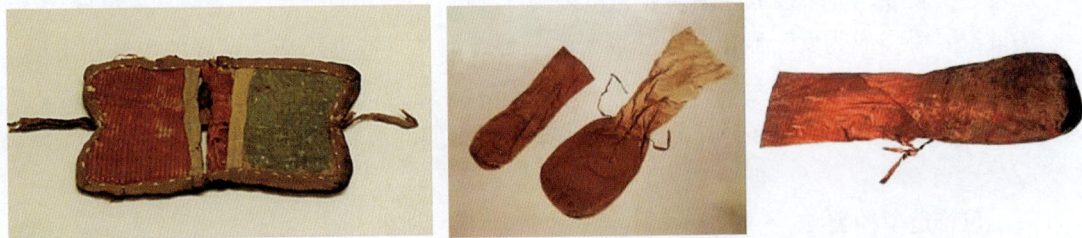

图3-32　古代佩囊

汉代，出门远行的佩囊根据用途被称为"藤囊""熏囊""书囊""书袋"。汉代，人们挂在腰间的佩囊不再是贵族男女的专属，而是上至百官下至百姓都可以佩戴的物品，俗谓"旁囊"。汉代时期官员有佩印绶的制度，并将佩印绶制度中的"包"与身份相联系，佩印绶就放置在衣袍侧边的旁囊之中，旁囊便被称为"绶囊"，用金银钩挂在皮袋上，绶囊上的图案和色彩结合官员身份做了相应的规定。绶囊上最常用的图案是兽头，故称"兽头鞶囊"，兽头中又以虎头使用为多，因此又有"虎头鞶囊"之称（图3-33）。这种绶囊或旁囊就是早期皮包的形式之一，也是日后荷包的雏形。制作荷包的材料大多为动物皮，由于皮革材质具有天然的伸缩性和韧性，美观又耐磨损，所以深受人们的喜爱。

图3-33 虎头鞶囊

唐代，佩囊又被称为香囊、香袋。在香袋里放置香料散发出的香味用来熏香身体和衣物，受到唐代女子的喜爱。清代，是古时包袋的鼎盛时期。这个时期人们对荷包进行了更加细致的分类，出现了盛放物品的各种专用荷包。当时有专门的荷包巷，出售各式荷包、扇袋、眼镜袋、钥匙袋等。辛亥革命后，西式包袋随着西式服装进入中国，这种新的配饰文化导致了中式包袋的变化，带动了中国包袋产业的变革和发展，也使传统的中式包袋淡出了人们的生活。

（二）西方包饰的发展

早期西方的包袋主要是束带型包袋，使用简单的方巾，将对角捆在一起，收口处用绳带抽紧，形成一个口袋，用以盛放物品。13世纪出现男用钱袋，女用腰包、手袋，15世纪男士流行佩带精致的小荷包，女士则流行一种手提式饰有珠片的小布袋，至18世纪，男女式包袋朝着装饰精美的方向发展。

18世纪末，女士的服装发生了巨大的改变，由原本极为繁琐的波浪型裙子改变为修身套装，裙内无法藏包，女士们不得不去寻找能够装载个人物品的手袋。因此，第一个渔网状的手袋乘势而起，这种束上长绳的小袋便于拿在手上，成为名副其实的"包饰"。

19世纪中叶"手袋"一词出现，这个时期的手袋一般是指用金属或木质框架等制成的皮质手袋。进入20世纪后，各种颜色、质地的皮手袋开始出现。此时的手袋样式更多，包括钱包、钱袋、手袋等，而手袋也渐渐演变为包袋。

20世纪，手袋成为女士们出席交际场所的一种装饰品，造型小巧、精致的包饰在市场中涌现出来，女士们大多用它存放粉底、唇膏等物品。其造型设计也五花八门，例如贝壳、门锁、足球、花瓶等形状的包饰，充分显示出当时设计师们的大胆和创新。

二、包饰造型种类

随着人们生活消费水平的不断提高，包饰已经成为现代人出行必不可少的佩用饰品之一，除具有盛物的实用性外，装饰性也是人们非常重视的，更有的女性会根据不同的服装、场合更换不同的包饰。包饰与服装处在了同样重要的位置上。

根据包饰的特征，我们将其分成几个大类。其中按功能分有钱包、化妆包、宴会包、手提包、单肩包、双肩包、斜挎包、旅行包、钥匙包、多功能包等；按材质分有真皮包、PU包、PVC包、帆布包、尼龙包、手工编织包、塑料包等；按款式分有手提包、手拿包、单肩包、挎包、背包、腰包、零钱包、手腕包等；按使用场合分有行李箱包、运动包、商务包、晚宴包、公文包等；按使用者性别分有男包、女包、儿童包、老年包等。

三、常用包饰种类及设计特点

现代的包饰不仅仅具有实用功能，更多的还是装饰性，下面我们就常用包饰的实用型、装饰型和创意型包饰的三种类型，分别介绍一下包饰的特征及设计要点。

（一）实用型包饰设计特点

1. 公文包

公文包造型扁平且呈长方形包体，主要为职场人员使用，且多为职场男士常用的包饰，能够很好地体现职业人员严谨的工作态度和身份；也有很多女性职场人员使用公文包，让女性的整体形象更具中性风格，体现职场女性的干练气质。公文包的材质主要以真皮为主，也有轧花皮革或是帆布材质的。款式有正方、长方、扁方、扁圆等多种造型，色彩以沉稳的暗色调为主，为方便携带，有些公文包还配备了拎、背等备用带（图3-34）。

公文包的设计特点在于其功能性。公文包属于实用型包饰，在关注外形图案、色彩等时尚元素的同时，还要充分考虑使用者的需求。大多数职场人员使用公文包是为了让办公更加便捷，提高工作效率，方便快速寻找所需物品，增加工作人员的思维条理性和专业性。所以设计公文包要充分结合适用人群的工作范畴，综合必需物品的种类，在包内合理设置隔层及文件层、名片夹、笔夹、保密袋等物品放置区域，让包内的物品放置有序，同时还要让包体外形平顺无突起，打造工作人员严谨、整洁的做事风格。除此之外，还要注意包体的大小。正常办公文件多为A4纸大小，所以内置的文件袋空间不得小于文件规格，但也不能过大，否则在外形上会给人以硕大、笨重之感，反倒成为工作人员的负担。

图3-34　公文包设计

2. 摄影包

随着摄影爱好者越来越多，摄影包也成为人们生活中非常实用的一款包饰，因内有多个隔层和区域设置，不仅可以装相机，还可以放置很多小物品，拿取物品非常方便。摄影包最主要的特点是防水、耐磨及防火，这对昂贵的摄影器材是首要条件，所以材质选择是非常关键的。通常摄影包的材质分为两种：一种是尼龙或者人造纤维，优点是防水、耐磨，不易刺穿，缺点是透气性差；另一种是帆布，优点是贴身、舒服，容易洗涤，外表造型大方，缺点是不防水，所以用帆布制作摄影包通常会在表面加上一些防水保护物料，或者在两片帆布中间增加防水层，这样帆布摄影包就具有了防水功能（图3-35）。

摄影包是功能型包饰，其设计特点除了上述提到的材质的防水性外，还要注意包体内部分隔区域的减震设置。由于摄影用品中有很多细小的零件，而且相对比较脆弱，每个部件都需要独立放置并减少之间的相互碰撞，在设计中采用海绵板以减少震动。如果分格区是口袋形的，还要注意口袋大小与深浅是否方便拿取物品。同时摄影包封口处的防水围边、拉链上的防盗锁扣、背带上的防滑设计等都是在设计时需要考虑的重要因素（图3-36）。

图3-35　摄影包外观设计　　　　图3-36　摄影包内部分层设计

3. 化妆包

化妆包是每个女性生活中非常实用的一款包饰，可以随身携带也可家居收纳。化妆包主要用来存放日常使用的化妆品，所以材质选择非常重要，轻便、防水、耐磨的材质为首选，这样才不会造成携带和使用上的负担。家居化妆包的包体相对较大，多以正方体为主，内置很多隔层方便化妆品的摆放，同时还可以收纳很多细小的物品。分层设计的特点是能够减少瓶瓶罐罐之间的碰撞，让每一个物品都有独立的摆放空间，且拿取方便，也使包体不会因为内置物品过多、混乱而导致变形，保证了包体外形的平整和美观。

随身携带的化妆包相对来说比较简易，在外观设计上更有时尚感。其设计特点为材质轻便，内置空间分化合理。随身携带的化妆包通常放到外置的大包内，体积小巧，化妆品的种类也相对较少。但为了避免化妆品之间的碰撞，减少尴尬，也要注意包体内专用区域的设置，如在包体一侧采用宽窄不一的松紧套环，方便固定长条式物品，而分隔的夹层可以放置扁平式物体等。这样的设计也是便于内置物品的有序摆放，保证包体有美观、平整的外形（图3-37）。

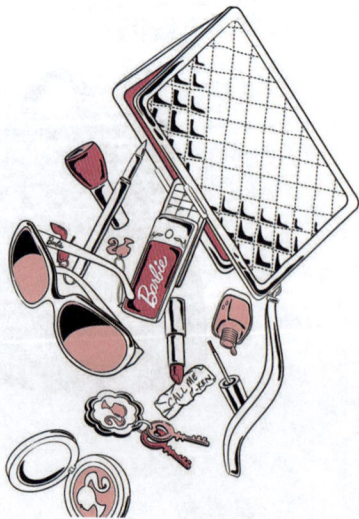

图3-37　化妆包设计

4. 背包

背包的实用性非常强，是人们非常喜爱的一种包饰。背包为人们出行提供了非常大的便利，人们可根据路途长短选择背包的大小、款式。背包的款式多样，主要特点是解放双手，将背包背在背后，利用双手做些其他事情，非常便利（图3-38）。

图3-38　休闲背包款式设计

背包的设计特点在于安全性，背包背在背后是处于视线的盲区，所以在安全设置上要多下点功夫。例如，拉链的隐蔽性、包口设置的复杂性都是设计的关键。尤其是手机、钱包等贵重物品放在包内不安全，可以在背包后面设置拉链小袋并紧贴人体后背；其次是背包的舒适性，尤其是运动背包容量大，要放置很多物品，加重肩膀的负担，这就需要背板和肩带设计符合人体工程学并采用厚实的海绵材质减少肩背的负担。有些运动背包还会在包体两侧设计侧外袋，用来放置雨伞、水杯等常用物品，便利实用，背包分为休闲背包和运动背包，设计空间大、造型各异，如色彩鲜艳、造型小巧的女性休闲背包，男性规矩、造型方正的商务背包，驴友徒步、旅行的运动背包，小朋友们可爱的儿童背包等。

5. 钱包

钱包是生活中非常重要的实用型包饰，主要用来放置钞票和卡片，方便实用（图3-39）。钱包分为对折型和直开型。根据钱包的用途，钱包内分层设计放置大钞、零钞、银行卡、身份证等多个区域，将不同的物品分门别类的放置，方便拿取。一般男士的钱包设计多为折叠型，简单小巧，色彩多以棕、黑色为主，方便放在衣兜或裤兜内；女士的钱夹设计相对比较复杂，分层区域较多，有对折、三折、直开等多种形式，色彩鲜艳、图案丰富。

钱包的设计特点，首先要明确不同面值钞票和卡片的尺寸，放置钞票和卡片的夹层不能过小，但也不能过大，尺寸的把握是钱包设计的关键；其次就是钱包的外观设计，钱包不仅具有实用性，还带有很强的装饰性，所以外观的多元素设计可以让钱包的设计发挥更大的创意空间（图3-40）。男性的钱包图案多以在面料上印花为主，隐藏在皮革中，低调而奢华，女性钱包的色彩、图案、材质则丰富多样，如高档、大气的皮革材质，优雅、性感的蕾丝材质，可爱、个性的DIY手工缝制等。

图3-39 钱包设计

图3-40 钱包的夹层设计

（二）装饰型包饰设计特点

1. 信封包

信封包是一款因外形形似信封而得名的包饰，包体扁平，造型简单、色彩丰富。信封包内无分层，只有一个包体，不适宜放置立体感强的物品，否则会使包体变形。信封包适合放置如手机、化妆镜、梳子等扁平物体。适合出席的场合是宴会、朋友聚会等时间较短、不需要带很多物品的活动，与服装搭配，是一款装饰性很强的包饰。

信封包的设计特点是需要注重包饰的外观造型，时尚、个性的信封包是整体服饰搭配的亮点。外形的色彩、图案是设计师需要把握的方向，可以通过色彩搭配、款式造型等因素着手设计。色彩设计可以参考净色、同类色、类似色、互补色以及混色的搭配法则，在小巧的包饰上打造出不同的设计风格。在款式造型设计上，可以采用分割、拼接、撞色、装饰的表现手法，增加款式的多样性（图3-41）。

图3-41 信封包饰设计

2. 宴会包

宴会包包体小巧、精致，上缀很多装饰性材料，如珠片、花式、钻石等，是一款装饰性很强的包饰。宴会包是女性出席宴会、晚会等大型社交类活动时佩带的一种包饰，配合精美的服装，彰显女性独特、高贵的气质形象。宴会包不易放置体积较大的物品，放一些小巧的物品如口红、化妆镜等小物品，以备不时之需。

宴会包的设计特点，最主要的是华丽、独特的外观造型，除了不仅可以通过外饰增加宴会包的魅力，运用如刺绣、镶嵌、粘贴、印刷等表现方式打造独特的外观形象，还可以通过改变外观造型达到吸引眼球的目的。形似口红、香水瓶、心形的宴会包，独特的外形、炫目的装饰、小巧的体积，精美而华丽，非常的吸引人们的眼球，如图3-42所示。

图3-42 宴会包饰设计

（三）创意型包饰设计特点

1. 环保袋

环保袋是一种款式简单、包体柔软无内部支撑，方便收纳，使用天然材料做成的可以重复利用的包袋。由于环保袋造型简单、价格低廉，很多设计师在环保袋的设计中加入了大量的创意元素，让单一质朴的环保袋出其不意，走进了人们的生活（图3-43）。在很多公益活动中，都会看到印有各种图案的环保袋。环保袋也是一款行走的宣传板，利用环保袋的广泛性加之有趣的广告创意，为商家带来了无限的商机。除此之外，在很多重要活动或公益事业中，也经常可以看到环保袋的身影，人们在素色的环保袋上发挥着无尽的创意，让一个小小的包袋变得有趣而生动。环保袋不仅在图案上有很大的创意空间，在造型设计中也有很大的想象空间，造型各异、图案丰富的环保袋为人们的生活增添了乐趣和活力。

2. 零钱包

零钱包造型小巧、精致，用来存放硬币等细小物件，在造型上有很大的创意空间，设计师可以任意发挥想象，改变其造型、大胆用色，让其出其不意。例如，将动物造型运用到零钱包上，可爱的感觉呼之欲出，让人爱不释手（图3-44）。零钱包造型小巧，在设计构思时要注意用最简单的线条，抓出主体的灵魂，用抽象的设计手法引起人们的共鸣，所以看似小巧的饰品，但创作过程也是非常有难度的。

图3-43 手绘环保袋创意设计

图3-44 零钱包设计

3. 创意包袋

除此之外，很多实用型的包袋也有着很大的创意空间，在造型、色彩、图案、装饰等多个方面都有其创意的表现。形似包装盒的单肩背包，棱角分明的四方形包体加上独特的封口方式，打破了人们对包饰的原始印象，瘦长、高挑、简洁、立体的造型，体现出包饰独特的魅力，如图3-45（a）所示；包饰无论在造型、色彩还是图案上的设计都有很大的创意空间，如硕大的半圆形包饰，刷新了人们对包饰外形的常规印象，圆润、扁平的包体，横向拉宽了人们的视觉，改变了以往的方形包饰，独特的造型让这款包饰充满了时尚、潮流的前卫气质，如图3-45（b）所示；而利用动物形象改变包饰造型的设计手法已有很多尝试，但图3-45（c）的这款造型简单、线条流畅、款式大方的鱼形包饰还是让人眼前一亮，干净、素雅的包饰表面，用几根简洁的线条诠释出鱼形的结构，让整个包饰富有内涵且低调奢华；在色彩的搭配方面，包饰也毫不逊色，设计师将其打造成经典的书架样式，将宽窄不一的色块运用金色融合在一起，一个行走的微型书架完美地呈现在人们的眼前，蕴含了知识无处不在的含义，如图3-45（d）所示；在图案的创意方面，包饰也有它独特的一面，设计师运用古老、怀旧的电视机样式打造的包饰，高度还原了人们儿时的记忆，电视框内的场景逼真而精美，展现了一个五彩的童话世界，充满了童趣和回忆，如图3-45（e）所示。

如今的包饰不再是单纯的盛物需要，更多的是个性与创意的展现，设计元素多样、造型多变的包饰成为时尚主流，设计师尽情发挥创意与才华，让包饰点亮人们的眼界，展现潮流风采，给人们一个全新的时尚体验。

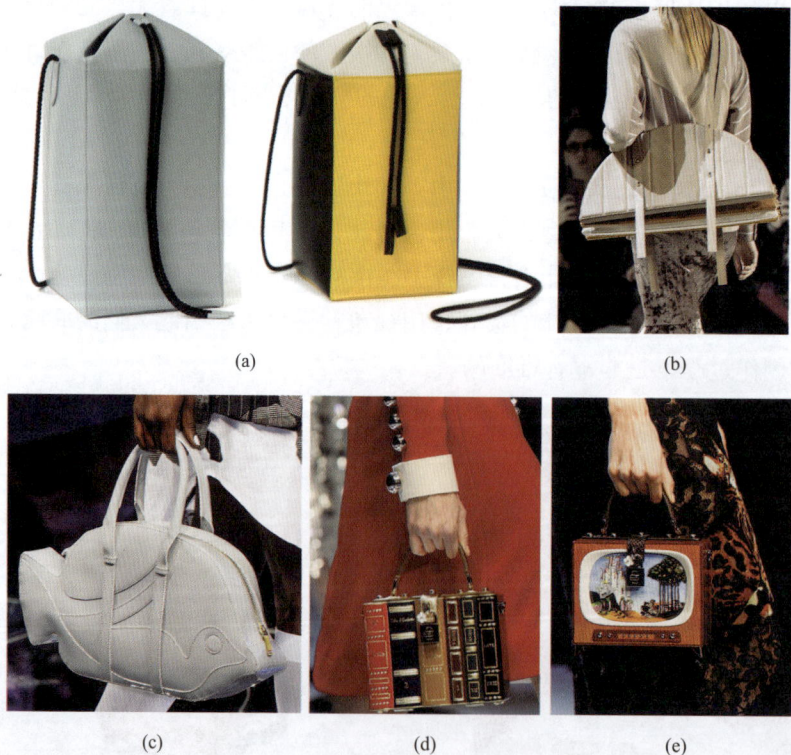

(a)

(b)

(c)

(d)

(e)

图3-45 创意包袋设计

四、包饰风格与服装搭配

包饰作为人们出行必备的饰品之一，在服装整体的搭配中占据着重要的地位，适宜的包饰能提升人们整体的形象气质，不同的场合穿着不同的服装，搭配不同的包饰，已然成为人们越来越重视的细节。包饰逐渐从单纯的实用性迈入时尚、潮流的行列，作为整体服饰中重要的视觉搭配元素，朝着独立的趋势迈步向前发展。

（一）稳重型包饰与服装搭配

如今的职场女性在极力打造一种专业、干练的气质形象，不论从服装到饰品，都散发着成熟、稳重的职场魄力。而作为成熟稳重风格的包饰，颜色多以黑、白、咖等单色系或者深色格纹居多。虽为职场，但依旧存在时尚、潮流的细节因素，因此，不论是款式简洁、线条流畅的包袋，还是色彩明艳、具有装饰效果的包袋，都有它适合的搭配风格。如图3-46所示，浅棕色的包饰造型简洁，线条流畅，干净、素雅的表面泛着皮质细腻的光感，整个包饰散发着优雅的气质，非常适合正式的商务场合，给人以沉着、冷静的气质形象；又如粉色系列的包饰给人以年轻、活力、甜美的风格特征，用粉色系列诠释稳重风格的包饰特征，可以在其造型上做文章，如图中干净、利落的外形，配以同色、同质的花饰，给人以大气、时尚、成熟、内敛的风格特征。

图3-46　稳重型包饰设计

浅色系的职业套装显示出女性时尚、潮流的着装元素，搭配的包饰如果再偏于浅色系，则会缺少稳重感，如果搭配一款色彩中性、造型规矩、简洁的包饰，则会将整体的着装风格带往成熟、干练的趋势和节奏，需要注意的是包饰的色彩不能过于沉重，否则会与服装色彩形成极大的反差，反倒不好融合在一起。如图3-47所示，白色套装搭配墨绿色的手包，包身与套装色彩相呼应，包盖的墨绿色则沉稳、大气，使整体的搭配干练而时尚。

而深色系的套装能够彰显女性沉着、冷静、干练的做事风格，在包饰的选择上可以与整体的着装色彩保持一致，全力打造这种气质，加深人们的印象。但是包饰的选择应尽量与服装色彩相呼应，不要另取它色，否则会给人杂乱无章、毫无头绪的印象。黑色条纹的职业套装搭配深蓝色手包，手包的蓝与内搭的版色相呼应，整体色彩偏向于裸色系，给人一种传统的气质形象，如图3-47（b）所示。

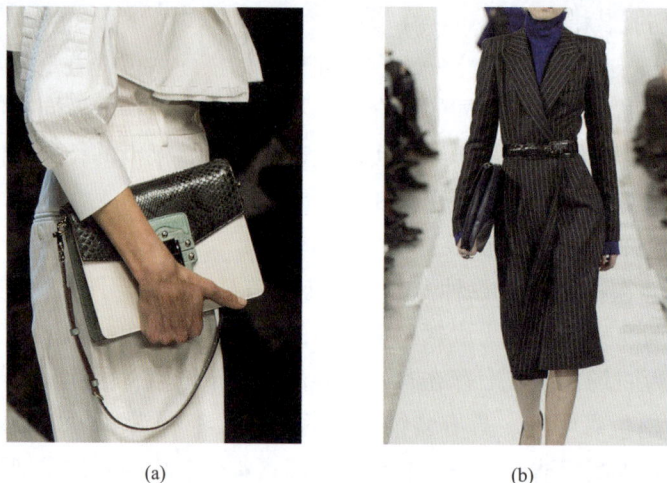

(a)   (b)

图3-47　稳重型包饰与服装的搭配

（二）休闲型包饰与服装搭配

休闲型包饰相对比较随意，以斜挎、背包、单肩为主，适合外出旅行、郊游时使用。这类包饰体积一般比较大，有充足的容量，能够收纳很多物品。在面料上多以帆布、牛仔布等为主。非常适合设计达人DIY的小创意，使用者可以在包饰上装饰徽章、挂件等小零件。尽情地施展女性的搭配才华（图3-48）。

图3-48　休闲包饰设计

休闲型包饰款式多样，不论正装、休闲装、生活装都能够搭配到适合的包饰。男士的休闲西装搭配双肩包就是一种很好的选择。男士的西装分为正式西装和休闲西装，休闲西装相对正式西装适用的场合更多，搭配也更加广泛。而休闲西装搭配的双肩包，款式也处于正规包与休闲包之间，包饰外形硬挺，线条简洁、流畅，选用材质硬挺，不能软塌，款式也区别于常规的双肩包造型，如若不然，则会给人一种邋遢、不考究的男性形象，如图3-49（a）所示。

而一提到休闲，就会让我们想到牛仔，牛仔是休闲的代表，而牛仔包饰也完美地诠释了休闲的特质。面料柔软、造型硕大的牛仔挎包，搭配宽松、舒适的服装是再适合不过的，呈现一种潇洒、自然、洒脱的气质形象，如图3-49（b）所示。

如今，人们习惯了都市的喧嚣和嘈杂，反倒想念起田园的宁静和舒适。所以，田园风格服饰也被列为休闲的行列。作为田园风格典型特征的，无疑是草藤编织的包饰，搭配田园风格的服装，随风摆动，清新、自然的田园风光，深受人们的喜爱，如图3-49（c）所示。

(a)　　　　　　　　　　　(b)　　　　　　　　　　　(c)

图3-49　休闲型包饰与服装的搭配

（三）奢华型包饰与服装搭配

奢华型包饰使用的几率相对较少，一般适用于宴会、舞会、婚礼等场合。奢华型包饰面积较小、装饰性较强，内置少量小件物品，适合短时间的社交场合。奢华型包饰在面料上多采用绸缎、珠片等华丽闪亮的材质，款式上以提包和手包为主，体积小巧，尽显女性的端庄、优雅，如图3-50所示。

图3-50　奢华型包饰设计

奢华型包饰并不仅限于华丽、端庄的晚礼服，还适合很多服装款式的搭配。例如，材质厚重的冬季服装搭配一款华丽的手包，能够体现出雍容华贵的美感，需要注意的是在色彩上需要与服装的重量感保持一致，如果服装相对比较厚重，包饰的色彩也要相对比较浓烈，不能过于轻薄，否则会让服装与包饰形成季节差，如图3-51（a）所示。

而轻薄、飘逸的长裙若选择奢华型的包饰，要注意服装与包饰要形成对比。奢华型包饰的特点是包体小巧，但重量感十足，包体上大多缀有璀璨夺目的装饰物，而轻薄的服装特点是悬垂感较强，柔软、贴服，与装饰包本身就是一种反差，所以轻薄的服装与奢华型包饰相搭配，要衬托出华丽与质朴的对比感，同时也要注意服装与包饰之间的呼应，才能将两者融合，产生一种别样的美感，如图3-51（b）所示。

奢华型包饰除了在包体上缀满璀璨的珠宝装饰外，还有一种是造型上的奢华，如金丝鸟笼、南瓜马车样式的小拎包，有一种宛如童话世界的美好，若选择搭配这类造型奢华的包饰，服装也要符合这种童话般的境界，从上到下、从里到外都散发着华贵的气质，如图3-51（c）所示。

(a)　　　　　　　　　　(b)　　　　　　　　　　(c)

图3-51　奢华型包饰与服装搭配

（四）明朗型包饰与服装搭配

明朗型的包饰色彩清爽、舒适，样式活泼，给人以清新自然的感觉。明朗型包饰适合春、夏两季使用，春、夏季节的服装面料轻薄、色彩丰富，由于季节特征，服装多以浅色为主，搭配色彩艳丽的包包可感受到青春、时尚的气息，在包体的选择上大小适中即可，不宜过大，色彩不宜选用纯度过高的艳丽色彩，否则会给人一种重量感，破坏整体青春、活泼、时尚的活力形象（图3-52）。

明朗型包饰在色彩上以浅色为宜，如粉蓝、粉绿等色彩系列，体现出青春活力的风格特点。与之搭配的服装也多为浅色系，如白色或与包饰相同或相撞的系列色彩，能够将青春活力进行到底；其次，体现明朗型风格还有图案，清新的画面感、简洁明朗的线条、都市的画风都能够很好地诠释明朗型的服饰风格，给现代都市的快节奏与焦躁吹上一股凉爽的清风（图3-53）。

图3-52　明朗型包饰设计　　　　　　图3-53　明朗型包饰与服装搭配

（五）可爱型包饰与服装搭配

可爱型包饰款式新颖、样式可爱、面料不一，多采用动物仿生的设计手法，适合活泼、可爱、外向的中学、大学女学生及刚步入社会的女性群体，无论春夏秋冬都可使用，而且无须再搭配任何挂饰，包饰自身已足够可爱，尽显朝气、年轻的气质形象。如图3-54所示，将七星瓢虫的花纹印制在包饰上，虽然包饰外观传统、规矩，但色彩与图案含蓄，将人们的思维朝着具象的物体引领，包饰两边的流苏犹如瓢虫的脚，这种隐喻的联想设计清新脱俗，给人以新鲜、时尚的文化气息；除此之外，很多包饰也会直白地将联想设计用到包体中，如案例中，这只可爱的猫头鹰，造型明确、用色大胆，打造出一只萌宠系列的包饰，让人爱不释手。

图3-54　可爱型包饰设计

可爱型包饰色彩丰富、用色大胆，与之搭配的服装可以同为可爱风，色彩一致、风格相同，从上到下打造一种活泼、可爱的气质形象。但需要注意的是如果服装的色彩非常繁杂，那么就要有针对性地选择包饰的色彩与图案。如果服装色彩属于碎片式，没有特定的图案，可以选择与服装色彩中的任意一种颜色的净色包饰与服装主体形成呼应，可爱的特点可以体现在包饰的造型上；如果包饰本身的色彩也很多，那就要在图案上与服装主体形成区分，包饰上可有明确清晰的图案，且简单明了，图案不宜复杂，否则会给人眼花缭乱的视觉感受。简单明了的具象图案与服装中的碎片式色彩可形成鲜明的对比，凸显出包饰的可爱，成为搭配的亮点（图3-55）。

图3-55　可爱型包饰与服装搭配

五、包饰的系列设计

包饰的系列设计是设计师对包饰的某些要素运用发散思维进行系列变形，拓展设计要素的表现形式，从而产生同一主题的多种款式的设计手法。系列设计常常在商标、款式、图案、色彩和文字等方面采取共同性的设计，形成和谐的整体感和易识别的特点，系列化设计也因此成为现代产品设计的主流化的趋势。系列设计在包饰设计中的应用规律主要有色彩系列化、材质系列化、部件系列化等形式（图3-56）。

图3-56　周雪清手工刺绣——系列包饰设计

课后训练一：包饰设计

要　　求：请同学们进行常用包饰和创意包饰的单件设计和系列设计，发挥创意想象，将实用性与装饰性相结合。

考核要点：1. 作品能引起共鸣。

2. 注重包饰的造型与图案的构思与设计，有独特的设计理念。

3. 作品造型和图案创意表达的效果。

课后训练二：环保袋图案设计

要　　求：请同学们进行环保袋的图案设计，图案主题自拟，发挥创意想象。

考核要点：1. 作品能引起共鸣。

2. 注重图案造型与色彩的构思设计，有独特的设计理念。

3. 作品图案造型与色彩使用的效果。

第三节　鞋饰设计

一、鞋饰的发展历史

（一）中国鞋子的发展

在我国鞋子有着悠久的发展史。人们最初把鞋子作为一种工具是为了防止脚受伤，不让脚接触到沙石地面受到伤害，而发明了鞋子。在原始的采集与狩猎时代，野兽对于人类的作用不仅限于食用，人类学会狩猎后将兽皮剥下来，或将一部分兽皮割成皮条，或将整片的兽皮捆扎在脚上，冬天的鞋子兽皮毛在里，夏天兽毛在外，形成了最原始的"皮鞋"。除了皮鞋，还有一种用芦苇、稻草等植物的叶茎编织而成的草鞋，这是古代原始人类最常见的鞋子（图3-57）。

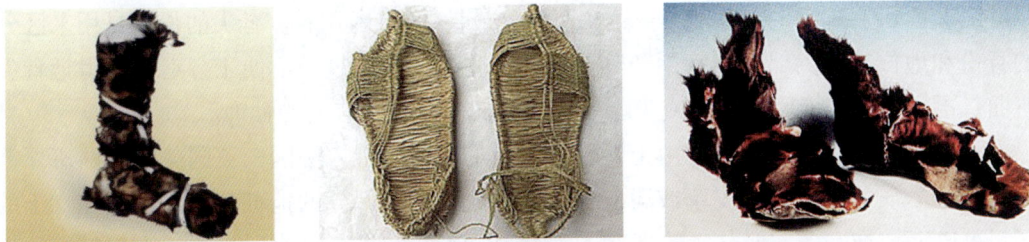

图3-57 原始兽皮鞋、草鞋、毛皮鞋

奴隶社会时期，舄和屦都是鞋子的古名，但在服装搭配上有所区别。舄是夹层底，也就是两层底的鞋子，全兽皮制作；而屦则是单层底，有皮质和革质两种，分为冬夏穿着。天子、诸侯在吉礼时才穿舄，平时都穿屦，所以舄贵而屦贱。

自春秋时期赵武灵王进行服装改革后，作为北方游牧民族的靴引入中原，靴成为汉族服饰中的一种，并广为官民喜好。封建社会中期，靴的穿用也达到了鼎盛时期。隋唐官服中规定帝王贵臣着乌皮六合靴，以至贵贱通用。唐代时期穿靴颇为流行，凡官吏将帅、文人乐士都有穿靴的喜好。

唐宋时期的女鞋与男子大体相似，但鞋头做成凤头形，为了求美还在鞋上绣花。另有平头、圆头鞋为劳动妇女所穿。南宋时流行翘头履，即前端向上翘起，将前段翘起的鞋头露出裙外，目的是为了避免行走时踩到裙子。翘头履兼具实用性与装饰性，是中国古代流行时间最长的鞋子（图3-58、图3-59）。

封建社会后期，汉族文化受到异族文化的钳制，文化生产有较大的波动。旗鞋就是其中一项服饰变革。旗鞋是一种木底高跟鞋，高跟固定在脚心部位，上大下小，高约两寸，状如马蹄的称为马蹄底，如花盆的称为花盆底。木跟以白布包裹，鞋面加有刺绣、缀珠等饰物，异常华丽。

图3-58 翘头履

图3-59 云头锦履

（二）西方鞋子的发展

在西方社会，史料记载最早的鞋履出现于古埃及。鞋履为埃及人重要的服饰之一，凉鞋鞋底由皮革、纸莎草制成，在鞋底上绑上鞋带，与今天的凉鞋相似，做工精致，为贵族所用。埃及人很珍惜自己的鞋子，为了防止鞋子磨损过快，他们出门时常常提着鞋子，赤脚步行，直到目的地才郑重地穿起来。这种简易的凉鞋是西方最早的鞋子。

12~16世纪出现了哥特式艺术，它以新颖丰富的样式成为中世纪艺术的杰出代表。这一时期的鞋子受到哥特式建筑的影响，鞋子的前面是尖头并翘起。这种尖头鞋出现在12世纪，在14世纪末达到了高峰，一般鞋尖长达60厘米，最长的有1米左右。鞋尖的长度是用来区分人物的身份和地位。鞋尖部分用鲸须和其他填充物支撑。鞋尖过长不便于行走，只得把鞋尖向上弯曲，再用金属链拴回到膝盖或脚踝处。图3-60为哥特式时期的鞋饰。

欧洲最早的高跟鞋在16世纪由土耳其传入威尼斯，后传入法国、英国美国和西班牙等。这种鞋底是木质的，鞋面是皮革或漆皮，一般做成无后踵部分的拖鞋状。由于穿在女士的大裙子里，鞋面装饰不多，但鞋底的高度一般为20～25cm，最高时达到30cm，为贵妇穿的高底鞋，也是现代高跟鞋的原型，如图3-61所示。

图3-60　哥特式时期的鞋饰

图3-61　贵妇高底鞋饰

17世纪欧洲出现巴洛克艺术，尖头高跟鞋成为女子的宠物，鞋头向前弯曲，鞋舌高，扣带窄，扣结小，扣带上缀有珠宝，鞋面与饰物多用缎带、织锦、花布等材料做成蝴蝶结状。整体风格高贵奢华。男子鞋主要以长筒靴为主，靴口敞大，有的编有花边或下翻，靴尾装有马刺，靴头有圆、方，高舌，缀上鞋花，在勇猛中也流露出些许女性的柔媚。

洛可可时期的女鞋高跟浅勒，采用缎子和织锦鞋面，造型曲折优雅，鞋尖秀丽，鞋面有刺绣，并有钢制纽扣。男鞋矮腰低跟，贵族仍穿红鞋跟，鞋子为圆头，鞋面较长且鞋内无鞋舌，鞋舌转化成了鞋面的装饰宽带或其他装饰物。很多贵族为了显示身份，将贵重的宝石制成各种各样精美的形状镶嵌在鞋面上，成为典型的路易宫廷鞋。图3-62为洛可可时期的鞋饰。

图3-62　洛可可时期的鞋饰

19世纪，鞋子的形制发生了改变，贵族男士引以为傲的长筒靴不再流行，取而代之的是低帮的皮鞋。鞋面不再有过多的饰物，而是采用了皮革的拼接形式，又以变化的系带、穿孔形式达到其装饰的效果。

二、鞋饰造型种类

鞋饰是人们生活中必不可少的饰品，无论家居、出行及任何场所，都必须穿着鞋子。我们可以将鞋饰按穿着对象、季节、材料、款式特征、鞋跟形式、鞋帮、用途等多种方式分类。

按穿着对象分有男鞋、女鞋、儿童鞋、老年鞋等；按季节分有单鞋、夹鞋、棉鞋、凉鞋等；按材料分有皮鞋、布鞋、胶鞋、塑料鞋、编织鞋等；按款式特征分有牛津鞋、德比鞋、布洛克鞋、僧侣鞋、马丁靴、豆豆鞋、鱼嘴鞋、松糕鞋、蛋卷鞋、板鞋等；按鞋跟形式分有平跟鞋、厚底鞋、半高跟鞋、高跟鞋、坡跟鞋、厚底鞋等；按鞋帮分有高靿鞋、低靿鞋、中筒鞋、高筒鞋等；按用途分有休闲鞋、职业鞋、运动鞋、旅游鞋、雨鞋、拖鞋、家居鞋等。

三、常用鞋饰的特征

鞋饰属实用型服饰品，我们将鞋饰按照使用者性别分为男鞋和女鞋，下面就针对男、女鞋分别介绍几款常用鞋饰的特征。

（一）男鞋

对于男士来讲，衣着穿搭是塑造男性的绅士外表与风格气质的重要体现，所以，用来体现男士的服饰品在设计和工艺上都是非常考究的。尤其是男士的鞋饰更是重中之重，有人曾提出这样一个观点，从鞋子能够看出一个男士的品质，可见人们对男士鞋子的重视程度。一双设计严谨、造型考究的鞋饰，无论从款式、色彩、图案、工艺等各个方面都是非常讲究的。

1. 牛津鞋

牛津鞋是17世纪英国牛津大学开始流行的男生制服鞋，牛津鞋在鞋饰楦头以及鞋身两侧，会做出如雕花般的翼纹设计。通常鞋面打三个以上的孔眼，再以系带绑绳固定，不仅为皮鞋带来装饰性的变化，也显出低调古典的雅致风味。如今，牛津鞋作为经典的正装皮鞋，非常适合严肃、高端的商务场合，也是男士的必备鞋饰，如图3-63所示。

图3-63　牛津鞋设计

2. 德比鞋

德比鞋款式特征是鞋舌与整个鞋面采用一张皮革。德比鞋与牛津鞋最大的不同点在于，德比鞋的系带处微微敞开并露出鞋舌，而牛津鞋的系鞋带处紧紧相对，遮住了鞋舌。德比鞋比较适合出席诸如商务休闲或者商务旅行之类的活动，在不是非常正式的场合中使用。但在搭配正装时，德比鞋比传统的黑色牛津鞋更具有灵活性，相对比较休闲，符合现代社会的时尚气息，如图3-64所示。

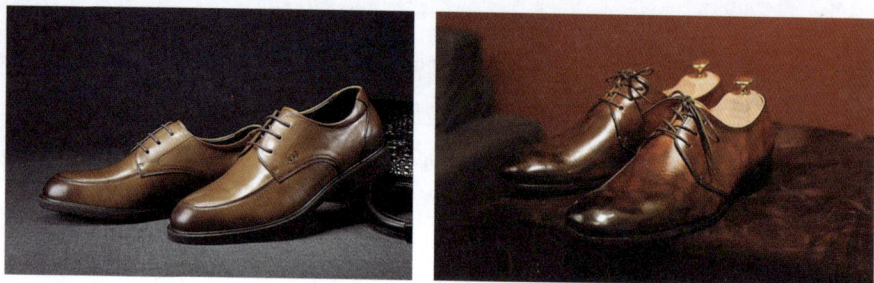

图3-64　德比鞋设计

3. 布洛克鞋

布洛克鞋又名巴洛克鞋，是16世纪时苏格兰人和爱尔兰人在高地工作时所穿的鞋饰，几百年后慢慢演变成欧美男士们经典的尖头内耳式平底皮鞋。传统的布洛克鞋头有着精致的花卉钉孔图案，并将原本生硬的三接头转变成线条优美的侧翼，是绅士身份的象征。同牛津鞋一样，布洛克也是正式场合搭配西装的不二选择。但布洛克比牛津鞋更适合休闲场合，T恤、polo衫也可以很好地与之搭配，显示出男士身份的同时也带有时尚的设计元素。图3-65为布洛克（巴洛克）鞋的设计。

图3-65　布洛克（巴洛克）鞋设计

4. 僧侣鞋

僧侣鞋也被叫作"孟克鞋"，是商务场所非常正式的正装皮鞋。它标志性的特征是横跨脚面、有金属扣环的横向搭带。僧侣鞋最早出现于系带鞋发明之前的时代，因此是西方最古老的鞋饰种类之一。僧侣鞋相对比较正式，搭配西装是非常合适的选择（图3-66）。

图3-66　僧侣鞋设计

5. 马丁靴

马丁靴是次文化的象征、街头流行的鼻祖，是时尚文化不可或缺的符号。马丁靴坚固耐穿，给人一种怀旧、粗糙、狂野的美感。马丁靴不像其他男士鞋饰那样一尘不染、干净整洁，而是带有一种故意而为之的老旧感，但即便它真的变得很旧很旧，却还是依然漂亮，给人的感觉就似一位亲切的老友。九分裤是马丁靴搭配的好对象，让裤脚与鞋靿刚好对接，展现出鞋子的全貌，让整体的搭配看起来非常的潇洒、自然（图3-67）。如今，马丁靴不再是男士专属的鞋款，很多女性也穿起马丁靴，配以裤、裙、袜的穿搭，给人以潇洒、帅气的气质形象。

（二）女鞋

女性的鞋饰相较男性鞋饰来说，无论是款式还是色彩都有着很大的设计空间，女性鞋饰的种类相对较多。随着搭配服装的不同，鞋饰也要随之变化。女士的鞋饰在造型上变化多样，鞋头、鞋跟、鞋身都有着非常多的设计与变化。

1. 高跟鞋

高跟鞋是指鞋跟高度在6cm以上的鞋饰，鞋跟高立并高于脚趾。穿着后人体重心后移，腿部相较笔直，

图3-67　马丁靴设计

使得女性无论从站姿、走姿都别有一番韵味。高跟鞋的鞋跟变化丰富，如有细跟、中跟、粗跟、楔形跟、钉形跟、锥形跟、刀形跟等。鞋跟越细越高，越能体现出女性腿部线条的妩媚与纤细，但随之其稳定性也就越差；反之，跟越粗越短，稳定性也就越好，同时显示出女性憨厚、耿直的外形体征。女性高跟鞋的高度一般设置在7~8cm，是比较符合人体工程学的高度设计。高跟鞋的设计有着非常大的创意和想象的空间，也是很多设计师的最爱（图3-68）。

图3-68　高跟鞋设计

2. 坡跟鞋

坡跟鞋属于高跟鞋的另外一种形式，坡跟鞋的鞋跟与鞋底连为一体，由前至后逐渐增高，不像高跟鞋只有一个独立的鞋跟，中间呈架空状态。坡跟鞋相对高跟鞋更稳定，穿着舒适，易于行走。材质多变、造型各异，图案丰富的坡跟鞋给了设计师极大的发挥空间。但坡跟鞋的鞋底较硬，没有弹性，在鞋身和鞋带的设计上要注意不能太紧，要给脚留出走路时活动的空间（图3-69）。

图3-69　坡跟鞋设计

3. 平底鞋

平底鞋又称无跟鞋，鞋尖至鞋跟处于同一水平线上。平底鞋有很多种类，如平底单鞋、学生板鞋、雪地靴等。平底单鞋造型简单，浅口，瘦窄的鞋身显得女性的脚型纤细、瘦小，深受女性的喜爱。平底单鞋的种类繁多，如豆豆鞋、蛋卷鞋、浅口鞋等都属于平底单鞋的范畴。平底单鞋鞋头根据款式特征有尖头、圆头、方头的区别，可根据脚型或服装进行选择和搭配。平底单鞋鞋面柔软，根据材质、款式等因素在鞋面上设计不同的图案或装饰品，打造迥异的鞋饰风格，可迎合各类人群的选择（图3-70）。

图3-70　平底单鞋

学生板鞋主要受众为学生群体，以布面或皮面为鞋身，胶底，造型运动、时尚，非常适合DIY，现在很多手绘设计师进行平底板鞋的图案手绘，富有创意且时尚、个性，非常符合当下年轻人的自我个性的张扬和体现。板鞋有浅靿和高靿的款式，还有系带和平面的造型分别，深受青年男女的喜爱（图3-71）。手绘特别适合亲子鞋的设计，运用同一款图案的设计不同大小的鞋子尺码，体现出一家人其乐融融的氛围。

4. 鱼嘴鞋

鱼嘴鞋又名露趾鞋，是指鞋头顶端有一块鱼嘴形镂空，刚好裸露出一两个脚趾的鞋饰设计。鱼嘴鞋最大的特点是让脚趾"若隐若现"，整双鞋子露出两个脚趾，藏了三个脚趾，既带几分性感，又不失端庄优雅，尤其适合一些前脚掌有点宽的女性，因为穿上这种开了个小鱼嘴的鞋子，双脚会因而修饰得比较完美，显得非常秀气，鱼嘴鞋有平底、高跟、坡跟等多种款式（图3-72）。

图3-71 手绘板鞋设计

图3-72 鱼嘴鞋设计

5. 松糕鞋

松糕鞋外形圆润可爱,受到很多青年女性的喜爱,松糕鞋因为底部酷似松软厚实的松糕,故被称为"松糕鞋"。它最吸引人的地方就是高度,松糕鞋的鞋底高度5~10厘米不等,有的甚至高十几厘米,对于个子矮小的女性来讲,穿上十厘米高的鞋子,拉长下身长度,调整整体比例的视觉效果无疑是非常棒的体验。由于松糕鞋的鞋底是整体向上抬高,鞋底很硬,没有弹性,所以初次穿着松糕鞋时要适应一下鞋子的穿着感觉,调整走路方式,否则易发生危险(图3-73)。

图3-73 松糕鞋设计

6. 靴

靴原是古代男人打仗和狩猎用的鞋,是男权社会的象征。但现代社会中男性穿着靴的越来越少,反而变为女性鞋饰的时尚宠儿。女性穿着的靴饰根据靴筒的高度分为裸靴、短靴、中靴、长靴,还有高跟、中跟和平跟的款式区别,但大多数靴子都有明显的外跟,是女性非常喜爱的一款鞋饰。靴相对于其他鞋饰更具野性美,表现其中性的特质,比较适合搭配牛仔、休闲类等厚重感的服装。还有一些具有实际功能性的靴饰，如登山靴、运动靴等。图3-74为靴饰设计。

图3-74　靴饰设计

四、鞋饰设计

在设计鞋饰之前，首先要了解鞋饰的结构。将鞋饰分为鞋身、鞋底、鞋帮、鞋跟、鞋里、鞋舌和鞋带七个部分，鞋身又分为鞋前（鞋头）、鞋侧和鞋后三部分。设计鞋饰时，首先要注意结合人体工程学，符合人体脚的结构，具有舒适性，其次根据鞋饰款式、色彩、材质等元素综合各部位的造型特点进行设计。

鞋饰款式多样，造型繁多，每个细节设计都非常的重要。鞋饰的款式结构包含很多局部设计，如鞋头的方、圆、尖等造型设计，鞋帮的高、中、低或无鞋帮等设计，鞋跟的高细跟、高粗跟、中细跟、中粗跟、低跟、无跟、创意跟等设计。鞋子每个部位之间的造型有很多种，但部件之间要相互融合才能形成一个整体。

（一）造型设计——简约时尚的鞋饰设计

鞋饰的造型决定了鞋饰的风格特点，无论高跟鞋、平跟鞋、棉鞋、凉鞋、靴等，都有其各种各样的款式造型，搭配不同风格的服装，迎合不同年龄的人群。下面我们就简约时尚的鞋饰分析一下造型在鞋饰中所打造的风格特点。

鞋饰作为人体力量支撑的保护者，舒适是鞋饰设计的必要条件。鉴于鞋饰处于人体的最下方，而且是与脚部长时间接触，所以将设计简单化，减少脚部负担是设计师考虑的首要因素，正所谓越是极简的设计越能体现其时尚与经典的永恒，但是简单并不代表普通没有创意。以高跟鞋为例，高跟鞋是现代女性生活中必备的鞋饰之一，代表了女性独立、自信、性感、魅力的个性特征。以带状鞋身的鞋饰设计为例，用几根简单的带子以交叉、缠绕的方式固定住脚面和脚踝，展示女性的性感和自信。鞋饰的设计虽然简单，但是利用细带的柔软性进行交叉与缠绕的固定方式，让鞋饰变得动感而富有创意，简单的线条、巧妙的设计，让鞋饰魅力十足。以带状打造的鞋饰造型并不少见，但风格却大相径庭，缠绕的方式、配件的改变都足以让其有着不同的风格特征以及适用场合，如图3-75所示。

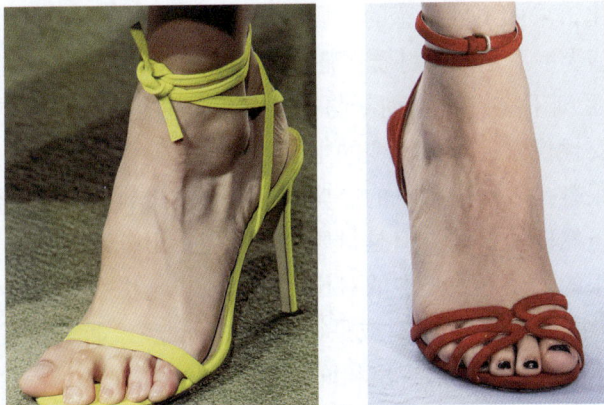

图3-75 简约鞋饰设计

（二）色彩设计——可爱甜美的鞋饰设计

鞋饰的色彩决定鞋子的视觉形象与搭配效果。一般的鞋饰设计多用净色，鞋身通体一色，鞋跟色彩则采用金属质感的色彩设计。这样的鞋子相对比较传统、保守，且容易搭配，是生活中常见的鞋饰。相对而言一些带有时尚元素的鞋饰，色彩上则比较大胆，在鞋头采用撞色与拼接的手法，让鞋饰更具时尚感。甚至有些运动鞋采用一鞋两色的手法，即一只鞋子一个颜色，两者之间以对比或互补的色彩相互碰撞，给人一种活力四射、青春洋溢的色彩感觉。下面我们就可爱甜美的鞋饰设计分析一下其中的色彩设计。

每个女孩的心里都住着一个公主，穿着华贵的礼服漂亮的鞋子在聚光灯下舞蹈。可爱甜美的鞋饰设计在色彩上以浅色居多，净色或撞色使鞋饰诠释更多的风格，搭配不同的服装。可爱甜美鞋饰的鞋面设计常以英伦风格的镂空花纹装饰，以体现复古的美感。鞋面的表现形式多样，系带的鞋面表现出学生时代的青涩与严谨，洋溢着校园的青春气息，或以甜美的装饰物点缀鞋面，展示出甜美、可爱的少女风格。甜美可爱的鞋饰设计适合青少年女孩，在最美好的年华洋溢着青春气息，如图3-76所示。

图3-76 可爱甜美的鞋饰设计

（三）材质设计——经典永恒的鞋饰设计

鞋饰的材质决定了脚的感知和造型风格的打造。舒适的材质对脚的养护起到了决定性的作用，而鞋饰中的材质也影响着鞋饰的设计。大多数鞋饰设计鞋身的材质通常是一样的，有些鞋子为了追求其变化，采用不同质感的材质拼接鞋身，营造一种独特的质感。下面我们就经典永恒的鞋饰设计感受一下不同的材质在鞋饰中带来的设计与变化。

我们的世界无时无刻不在进行着创新与突破，但同时也需要经典与永恒。女性的高跟鞋，就是一种经典的女性代言，永恒不变的主题，标志着女性独立自主的个性和自信的气质体现。同色同质的高跟鞋是生活中常见的经典鞋饰，款式经典、主题永恒，适合多种社交场合。这种经典的鞋饰虽然样式雷同，但是材质的选择展示出鞋饰迥异的风格特征。鞋子的设计特点在于鞋面与鞋跟的材质形成强烈的对比，或是质朴与华丽的碰撞，让鞋饰展现出低调的华丽、高雅的魅力［图3-77（a）］；或是将惊艳进行到底，璀璨的鞋面与铮亮的鞋跟同时散发出耀眼的光芒，不同的质地却展现出相同的美感［图3-77（b）］。材质的不同给人的感觉截然不同，经典存在于人们平凡的生活中，只有那一点独特的设计区别于它的与时俱进，跟随社会的脚步一起向前。

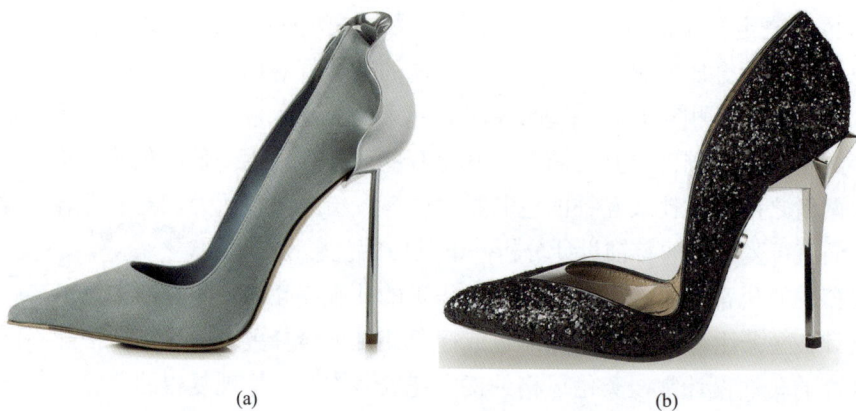

(a)　　　　　　　　　　　　(b)

图3-77　高跟鞋设计

（四）图案设计——创意手绘的鞋饰设计

在鞋饰上设计图案是一种常用的表现手法。传统鞋饰的图案多为材质上的，通过在材质上面进行雕刻或是压制出细小的花纹而形成一种隐性图案，可增加鞋饰的层次感。有些休闲鞋饰，在图案的使用上相对比较大胆，通过印刷、手绘、刺绣的手法在鞋面、鞋身进行图案设计。例如，学生板鞋上的图案设计就是一种很时尚很大胆的图案设计，设计师将插画、卡通形象等图案运用到鞋饰上，让鞋饰看起来个性十足、富有青春活力。还有一些鞋饰的图案设计采用一幅完整的图案分到一双鞋饰上，两只鞋饰上的图案完全不同，组合起来就是一幅完整的图案形象，给人的感觉新鲜、有趣。下面我们就分析一下富有创意性的手绘图案在鞋饰中的运用。

快节奏的现代生活让人们的生活中处处充满着挑战与惊喜，人们越来越喜欢展现自己的个性与独特，希望与众不同，而手绘的创意刚好满足了人们的需求，量身定制，个性打造，充分展示了自己独特的个性魅力。手绘鞋子多采用纯棉材质的布艺板鞋，干净的鞋面，吸水的材料，非常适合设计达人的DIY创意，将属于自己独特的标志融入鞋饰中，打造属于自己的个性与标志。创意手绘的鞋饰设计非常适合个性、时尚的青年人，标新立异，创意新奇，同时也非常适合家庭成员之间亲情的传递，其乐融融、爱意满满（图3-78）。

图3-78 手绘鞋饰设计

（五）装饰设计——复古奢华的鞋饰设计

在鞋饰上使用装饰设计是鞋饰设计常用的手法，装饰部位主要在鞋头和鞋帮处。装饰的手法主要有粘贴、镶嵌等工艺。装饰图案相较于相较于印刷、刺绣、雕刻等工艺制造的图案更有立体感。例如，鞋头处装饰造型为钻石的塑料制品、丝带绑定的花结、金属扣/链、珠花等；鞋帮处装饰丝带蝴蝶结、流苏等形式都是常用的装饰物，让鞋饰设计更具特色，增加美感。下面我们就复古奢华的鞋饰特点分析一下装饰在鞋饰中的运用。

鞋饰如同服装一样，每个人的衣柜中都有那么一两件华贵的礼服，显示着主人对生活的美好向往。华丽的鞋饰同包饰一样，体现在外部装饰上，多用璀璨夺目的珠宝、花饰装点着鞋饰的表面，让其变得异常奢华。与之相配的鞋饰多为闪金/银或亮皮材质作为底色，从内到位施展华丽的外表，展现高贵的贵族风格。复古奢华的鞋饰多用于大型的晚会、晚宴等喜庆场合，能为其装点门面，体现其主角风采（图3-79）。

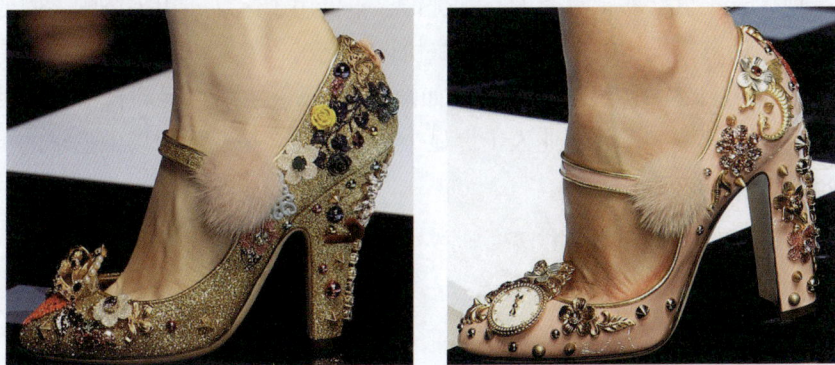

图3-79 复古奢华的鞋饰设计

五、鞋饰的服装搭配

鞋饰，作为日常生活中的必需品，实用性、舒适性往往大于它的装饰性和审美性，很多人一双鞋子打天下，无论穿着什么风格的服装，鞋子几乎没有太大的变化。鞋饰虽小，但是在服装中起到的作用却不可忽视，鞋子的款式、色彩与服装风格息息相关。下面，我们就几种常用的鞋饰造型分析一下它们在服饰搭配中的风格特点。

（一）鞋饰种类与服装的搭配

1. 高跟鞋的服饰搭配

高跟鞋搭配服装的领域较为广泛，如休闲、职业、性感、可爱、时尚等等多种风格都可以通过搭配高跟鞋表现出来，是女性的标属饰品。高跟鞋与休闲装搭配，体现出女性潇洒、自然的个性特征，如搭配休闲裤，给人一种轻松、帅气的感觉，如图3-80（a）所示；高跟鞋搭配职业装，体现女性洒脱、干练的职业特点，如搭配西服套装，给人以干练、时尚的职场达人，散发出女性在职场中的专业气场，如图3-80（b）所示；高跟鞋搭配晚礼服优雅而性感，体现出高贵不凡的气质，展现女性独特的魅力，如图3-80（c）所示；高跟鞋搭配蓬蓬裙圆润而可爱，体现出女孩子青春朝气、活泼可爱的气质形象，如图3-80（d）所示。

| (a) | (b) | (c) | (d) |

图3-80 高跟鞋与服装搭配

2. 运动休闲鞋的服饰搭配

运动鞋是现代青年男女非常喜爱的一款鞋饰，不仅用于运动，用来搭配不同的服装款式也能尽显风采。运动鞋搭配运动装，上下统一协调，充满青春、动感的朝气与活力；运动鞋搭配休闲装，展示出自然、随性的舒适感，如图3-81（a）所示；运动鞋搭配休闲西装，在休闲与正式的元素之间碰撞，使职业人士更显个性，时尚，是现代职场中追求的一种潮流风尚，如图3-81（b）所示。

| (a) | (b) |

图3-81 运动休闲鞋与服装的搭配

3. 靴的服饰搭配

靴多为秋、冬季节的鞋饰品，用来搭配比较厚重的服装，彰显它的品质感。需要注意的是靴内的着装要尽量简洁、贴身，不要过多的装饰或过于肥大，否则会让服装在靴内显得臃肿，影响整体效果。不同的着装风格搭配相同风格的靴饰，体现出不同的性格特点。牛仔裤搭配马丁短靴，风格粗犷、潇洒，如图3-82（a）所示；长风衣、休闲裤搭配马丁短靴，职业干练、成熟稳重，如图3-82（b）所示；而短风衣、热裤搭配马丁短靴则显得帅气动感、潮流时尚，如图3-82（c）所示。

(a)　　　　　　　　　(b)　　　　　　　　　(c)

图3-82 短靴与服装搭配

由于靴饰有或长或短的靴筒，在搭配服装时尤其要注意服装与靴筒的关系。短靴与裤装搭配时，裤长尽量不要盖过脚踝，否则会遮挡住短靴的靴筒，与平常的鞋饰无异，显示不出短靴的酷野与时尚。搭配中筒靴时要注意裙装的下摆要在靴筒之上，让裙装与靴筒之间留有空隙，营造空间感的搭配效果，如图3-83（a）所示；中筒靴搭配马裤是绝佳的搭配组合，但要注意靴的款式要粗犷一些，才能与马裤搭配出潇洒帅气的气质形象；而长筒靴搭配长裤或短裤均可，需要注意的是如果搭配长裤，裤装一定要贴身，如果裤装过于肥大，会让裤装拥挤在靴筒内，影响靴饰的外观造型，体现不出美感，如图3-83（b）所示；若与短裤相搭配，要注意短裤的裤口要高于靴筒，营造一种视觉上的冲击，体现冷与暖的对比。

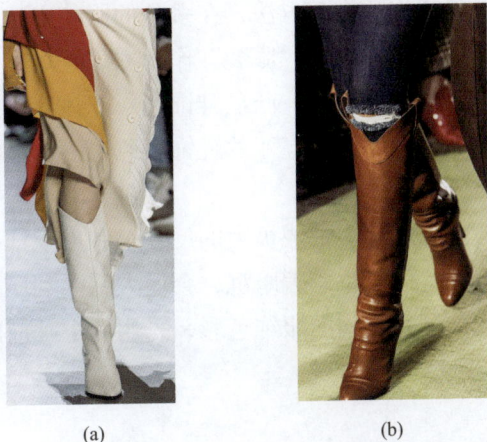

(a)　　　　　　　　(b)

图3-83 中、长靴与服装搭配

（二）鞋饰色彩与服装的搭配

1. 同色系的服饰搭配

同色系的色相之间差异较小，如果要拉长下身的比例，显得女性高挑、挺拔，那么在进行下半身的服装与鞋饰搭配时，尽量选择与下装同色系的且造型简单、装饰少的鞋饰，这样的搭配会让人的视线连续不间断，拉长下身比例，展示女性高挑、挺拔的身材曲线。图3-84为同色系鞋饰与服装搭配，左图中鞋子的设计风格与服装造型保持统一、上下一致，体现出整体美，以简洁、大方的阔腿裤搭配同色高跟鞋，下身装束简洁、流畅、自然大方；右图案例中的裙装布满了蕾丝花边，层层的装饰浪漫而优雅，搭配的鞋饰也与其相呼应，边饰的蕾丝花饰与裙装如出一辙，给人以整体、统一的协调感。

图3-84　同色系鞋饰与服装搭配

2. 上下呼应的服饰搭配

鞋饰虽然重要，但是它所处的位置却是人体的最下方，极易被人忽视，但又不能不重视鞋饰的搭配。人们在选择鞋饰时通常会选用以黑、白为主的素色，黑、白两色虽为永不过时的经典，但也不适用于所有的服饰。例如，穿着多色混合的套装，为了让鞋饰与服装更好地融合，我们可以选用一种上下呼应的搭配方法，在多色的服装中选择其中一种色彩作为鞋饰的呼应色。选择暗色鞋饰与之搭配，推选"服装"作为主角登场，展示低调而沉稳的气质形象；选择亮色鞋饰与之搭配，则上下呼应，凸显鞋饰色彩，让整体搭配高调而轻快。这样形成上下呼应的对照关系，整体色调一致，亮丽的鞋饰颜色也不会显得突兀和夸张，整体感觉也会和谐统一。

还有一种搭配是服装与配饰的色彩形成极大的反差，利用配饰上下呼应，调和服装与配饰之间的色彩关系。如果服装整体的色彩偏暗沉，会使人感受到压抑、沉闷的气质形象，这时可以选用明快、艳丽的配饰调和沉闷的服饰色彩，采用上下呼应的色彩关系，利用饰品色彩的明快改变其整体的着装风格（图3-85）。

(a)   (b)

图3-85   上下呼应的鞋饰与服装搭配

课后训练一：鞋饰设计

要　　求：请同学们进行常用鞋饰和创意鞋饰的设计，发挥创意想象，将实用性与装饰
　　　　　性相结合。

考核要点：1. 作品能引起共鸣。

　　　　　2. 注重鞋饰的造型与细节设计，有独特的设计理念。

　　　　　3. 作品鞋饰的造型和细节的表达效果。

课后训练二：鞋饰图案设计

要　　求：请同学们进行板鞋的图案设计，发挥创意想象，先进行图样设计，然后挑选
　　　　　满意的图案在实物上进行实践。

考核要点：1. 作品能引起共鸣。

　　　　　2. 注重鞋饰造型与图案、色彩之间的表达，有独特的设计理念。

　　　　　3. 作品造型与图案、色彩之间的创意表达效果。

第四章　装饰性服饰品设计

第一节　丝巾设计

一、丝巾的发展历史

（一）中国丝巾的发展

封建社会中期，盛唐时期女性服饰中的帔帛就是现代丝巾的原型。自秦汉时期时帔帛已在女性的服饰中存在，到唐代形成一种风气，并影响宋代、明清直至民国。帔帛是唐代女子常用的一种披巾，是与上衣相配套的一种装束。一条轻纱罗裁成的宽幅长巾印染或织绣花纹图案，披绕在双肩或背后，两端左右下垂，参差不齐，也可绕于臂上，体现女性轻柔潇洒风情万种的韵味。

（二）西方丝巾的发展

古埃及至古罗马时期，人们的着装就是由一块长方形的布或披挂或缠裹在身上，是生活中用来保暖和御寒的重要服饰，也是西方丝巾的原型，可以说，西方的丝巾就是从一块布开始的。随着时代的发展，这块长方形的布逐渐从人们的身上上升到女性的头部。拜占庭时期，女性有一种称为"贝尔"的面纱，大小不一，或齐肩或长至能遮住身体。这种面纱包裹住女性的头部，并在颈部绕圈披在肩上并下垂，形成从头到脚的一种包裹方式。这一时期的"布"从实用功能的服装慢慢转变为具有装饰功能的头巾。直到哥特式时期服装从平面转向立体，实现了服装的意义，同时也终结了这块"布"的实用价值，这块长方形的布也逐渐变小并形成一种装饰。巴洛克时期，是西方服装发展的鼎盛时期，男子越加重视自己的外表，由于服饰的改变使得领部前面的皮肤暴露在外，因此领部的装饰就变得尤为重要，而此时人们把这块"布"缩小变长，名为领巾的装饰物开始流行。领巾从1米长增加到2米长，领巾的长度显示佩戴者的地位、财富及品位。如图4-1所示为王宫贵族领巾油画作品。

图4-1　王宫贵族领巾油画作品

　　直到19世纪，才是现代丝巾真正展现它装饰魅力的年代，也是丝巾的风雅年代。随着法国大革命、英国工业革命，欧洲大陆的工业慢慢发展起来，机器制作的披肩与领巾被大量生产，原本是贵族特有的奢侈品，此时它也在普通女性的衣柜中开始扮演重要角色，成为大众的宠儿。20世纪的丝巾革命，女性完全发挥出使用丝巾的智慧，它开始陪伴着女性走上街头，走入职场，诠释了丝巾在女性服装中的重要地位。好莱坞明星奥黛丽·赫本曾经说过，"当我戴上丝巾的时候，我从没有那样明确地感受到我是一个女人，一个美丽的女人。"可见丝巾是最能够体现女性气质的服饰品，深受女性的喜爱，如图4-2所示为赫本时期的丝巾设计。

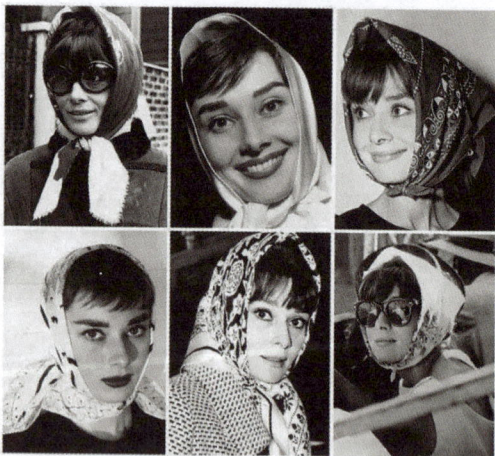

图4-2　赫本时期的丝巾设计

二、丝巾的图案设计

　　丝巾之所以会受到广大女性、男性的喜爱，主要原因来自它鲜艳的色彩和丰富的图案，让一块小小的丝巾变身为装饰大咖，运用在人体各个部位及饰品上，正是丝巾的魅力所致。

（一）图案的设计元素

　　图案设计最重要的就是设计元素，设计元素的确定来源于元素原型，进行艺术的改良而产生的图案造型。元素原型可以从多方面获得，如自然生物的奇特造型、鸟兽的皮毛图案、街边的雕塑、建筑、博物馆里的作品、收藏品、自然风光，甚至是虚无缥缈的梦境，都能引发设计师的设计灵感，寻找设计元素。例如，设计师皮埃尔·玛丽在参观埃米尔的爱马仕收藏品时，停在刚刚修复过的马车灯笼前，对其精致的装饰感到震惊。他发现了其他四十多个形态各异的马灯，这一发现激发了他创作爱马仕丝巾图案的灵感。在这款名为马车灯笼的丝巾上，设计元素就是马车灯笼，设计师根据自己的设计风格对马车灯笼进行了独创性的设计，每一盏灯笼都是一个马术场景的剧院。通过斜对角的排列方式，将这些元素有规则地排列，有些形成了卡鲁塞尔凯旋门，还有一些加上了一个骑手。这款丝巾是对装饰艺术的一种颂扬，是对古代车马匠创造力的致敬，如图4-3所示。

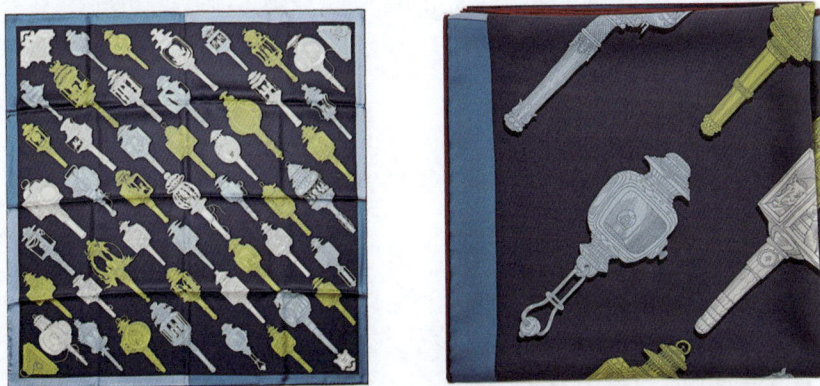

图4-3 爱马仕丝巾图案设计——马车灯笼

（二）图案的色彩搭配

丰富的图案要有适宜的色彩搭配，才能显示出图案的精美和华丽。这款名为丛林之爱的爱马仕丝巾图案设计，通过不同的色彩搭配所表达出来的感情是完全不同的（图4-4）。通过主色调橙色运用的同类色搭配出来的图案，色调自然、统一，差异较小，通过背景色自然地过渡，中间的两只老虎隐藏其中，整体的色彩感觉尽显活泼、亮丽的青春气息，而通过蓝、绿组合的对比色搭配出来的图案，色调沉稳、层次丰富，尽显女性的知性与优雅。所以，图案是丝巾的内容，而色彩则是丝巾的灵魂。

图4-4 爱马仕丝巾图案设计——丛林之爱

（三）图案的表现形式

图案的表现形式实际上就是利用图案给我们呈现一幅作品、讲一个故事，如何利用图案让人们能够理解设计师的目的和用途？主要依靠的就是图案的表现手法。图案元素的组合、排序、呈现方式都是在利用图案表达思想。

1. **时间顺序的表现形式**

利用时间发展顺序展示元素发展历程进行的图案设计，是一种讲故事的表现形式。如图4-5所示，这款名为皮带扣图案的爱马仕丝巾设计中，设计师从爱马仕的私人博物馆中发现了大量的皮带扣，每一款皮带扣都表示了一个年代，设计师将这些皮带扣在方形丝巾中排出一条路线，让人在一条简单的丝巾中了解各个年带皮带扣的变化和造型，人们按照这些严密的线条走进一个充满惊喜的迷宫，展现了不一样的历史印记。这种表现形式是按照事物发展的时间顺序排列，实现完整的写实记录。

图4-5　爱马仕丝巾图案设计——皮带扣

2. **以物喻人（物）的表现形式**

以物喻人的图案设计是通过物品的展示反映其他人或物的一种表现形式。如图4-6所示，这款名为女王的首饰的爱马仕丝巾图案，以错乱、无章的排列形式展示了女王的专属首饰，通过这些首饰的展示我们仿佛看到了一个具有超强性格的女性，大胆、高贵、极高的修养与惊人的美丽。帕尔米拉在丝绸之路上，是古代世界重要的经济和文化交流中心。这里的纺织品、珠宝、木材、家具和雕塑分别从希腊、埃及、波斯和中国运送抵达那里。女王齐诺比亚的宝藏在她死于罗马后仍留在罗马，并由设计师在这条围巾上精雕细琢而出。

图4-6　爱马仕丝巾图案设计——女王的首饰

3. 效果展示的表现形式

效果展示是将图案中的各个元素以或真实、或艺术、或夸张的状态完整的表现出来。在20世纪60年代初，当时的爱马仕总裁罗伯特·杜马斯被传统的流苏制造商的名录所吸引，建议弗朗索瓦·赫伦为这些装饰性饰物制作一条丝巾。艺术家通过对这些流苏的观察与思考，决定在她的设计中用木质栏杆上的简单挂钩固定，并且挂上形态各异的绳子，展现流苏的动感、随性的美感。这条丝巾的设计被重新解释为一个呈现在彩色方块的四重奏形式，如图4-7所示。

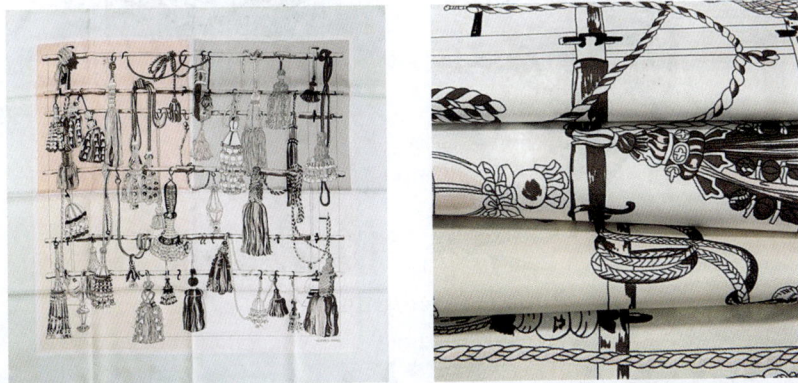

图4-7 爱马仕丝巾图案设计——流苏

丝巾图案就宛如用相机定格一张舞台上正在演绎的剧目，看到它就如同在脑海中放映的电影，融入设计师的创作精华，每一条丝巾的背后都藏着一个故事，每一个故事都有一个真实的剪影，这时的丝巾不再是装饰品，它更像是文化的传播者，带着它的故事传播到世界的每一个角落，这也是人们赋予服饰品更高的价值与精神的追求。

三、丝巾的搭配

（一）丝巾与服装

丝巾是很多现代女性最喜欢的配饰之一，轻便、轻薄便于收藏，与服装搭配在一起能够提升整体服装的质感，起到画龙点睛的作用。但是在佩戴丝巾时，我们首先要学习如何与之搭配才能体现出丝巾的优势，展现好的搭配效果。

1. 丝巾搭配职业装

如今的职场不仅是男人的天下，还有很多女性在打拼。专业的职业素养，整体的公司形象，让男女打破了性别的界限，身着统一的工装或中性风格的职业装，在职场的洪流中打拼着自己的事业。职业装中性化十足，单调、沉闷的着装让职场人员缺乏亲和力，更缺乏现代男女的时尚与魅力，形如机械、刻板的职业形象体现出工作的枯燥与乏味，容易没有激情和动力。既然不能脱下规定的服装，那我们就用一条亮丽的丝巾来调和这种刻板的形象。在领口搭配一条色泽亮丽的丝巾，让其成为整体装束的焦点，忽略职业装束所带来的刻板形象，让身着职业装的女性亮丽夺目又亲和温婉（图4-8）。

2. 丝巾搭配休闲装

休闲装像是夕阳下慵懒的阳光，放松、舒适、自然，在这样一个快节奏的现代都市中，能够有机会让自己放松下来是人们难得的机会。休闲装在人们的生活中占据着重要的地位，自然、潇洒的牛仔、宽松肥大的T恤，充分体现了休闲装的自然与活力，而丝巾与休闲装搭配能够提升休闲装的精致与时尚。如丝巾与牛仔相搭配，牛仔休闲的风格、硬朗的质地与丝巾的飘逸、柔美的材质形成鲜明的对比，再加上丝巾丰富的色彩、精美的图案与牛仔单一、怀旧的色泽形成反差，无论是搭在肩上，还是系在腰间，都能体现出不一样的时尚美感（图4-9）。

图4-8　丝巾搭配职业装

图4-9　丝巾搭配休闲装

3. 丝巾搭配运动装

运动装充满了青春、动感、朝气与活力。现代人们越来越重视健康的生活，运动成为一种时尚。当人们穿着跑步衣享受着奔跑的畅快时，可以在手腕处缠绕一条色彩亮丽的丝巾，留在手腕处飘逸的丝巾带像是一只振翅的蝴蝶，伴随着手腕的摆动与其一起翩翩起舞；当人们在健身房大肆流汗时，可以在腰间扎系一条飘逸、动感的丝巾，像是一条飘逸的裙衫在腰间舞动；当人们身着泳衣在海边展现着优美的泳姿时，上岸后不妨披一条图案精美的大方巾，伴随着海风随风飘扬，像是飘舞的精灵一般在海滩上留下一串串印记。一身带有时尚设计感的运动服搭配同款配套设计的小方巾，让运动风格更显潮流，更具时尚气息，如图4-10所示。

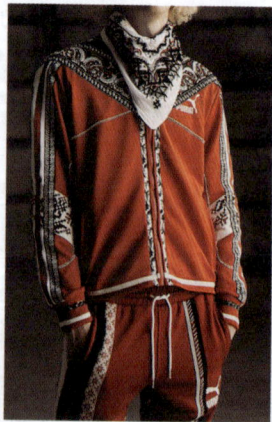

图4-10　丝巾搭配运动装

（二）丝巾与人体

丝巾是所有服饰品中用途最广的一种，它不仅仅限于在人体颈部扎系，单纯地用来装饰服装领部，它还可以用到其他很多地方，发挥着它独特的魅力，成为百变丝巾。

1. 丝巾头饰

丝巾与头饰相结合，让人眼前一亮，耳目一新。质地柔软、色彩鲜艳的丝巾围绕在头上，与发色形成鲜明的对比，展示出女性青春洋溢、活泼可爱、时尚动感的亮丽形象。佩戴时可以将头发全部束起，将丝巾自后脑向前额围绕并扎系花型；也可将丝巾编在长发内，与编发融为一体。丝巾与头饰结合的方式很多，设计师可以结合服装的色彩、款式，再设计适合的丝巾头饰与其相搭配，如图4-11所示。

图4-11 丝巾头饰设计

2. 丝巾腰带

将丝巾顺着一个方向拧成麻花式的彩色细带，扎系在腰间，结扣一端的丝巾自然松散，飘逸自然。丝巾腰带适合搭配素色服装，与丝巾形成鲜明的对比，让丝巾腰带提亮整体服色。例如，在长款的素色风衣外搭配一条丝巾腰带，风衣潇洒、中性的服装风格与丝巾的飘逸、柔美的女性饰品融为一体，提升风衣的气质形象，更具时尚感，如图4-12（a）所示；再如，丝巾搭配牛仔也是非常不错的选择，牛仔怀旧、质朴的单一色彩与丝巾鲜艳、华丽的多重色彩相搭配，形成强烈的色彩对比，展现出整体服饰的个性与潮流，如图4-12（b）所示。

图4-12   丝巾腰带设计

3. 丝巾服饰

丝巾不仅可以搭配服饰，它还可以变为服装的主体，充当服饰。将丝巾搭在沉稳、职业的风衣内，让内在的华丽与外在的沉稳形成鲜明的对比，时尚又自然，亮丽又大气。精美的图案随着折叠方式的不同展现不同的花纹样式，美轮美奂，只要一条丝巾就能变换出不同的风格，展示别样的时尚，如图4-13（a）所示。除此之外，丝巾还能变身裙装，将丝巾围绕在腰间，在腰部一侧打结固定，让丝巾顺势而下，包裹住下身，变身为一条动感亮丽的短裙，搭配休闲短上衣，展示出一种别样的风情，如图4-13（b）所示。

图4-13   丝巾服饰设计

4. 丝巾包饰

西方最早的包饰就是将简单的方巾对角捆在一起，收口处用绳带抽成一个口袋，用以盛放物品。如今的丝巾色彩更加华美，图案更加丰富，用这种古老的方式制作出来的复古款包饰将成为一种时尚。如图4-14所示，模特全身都用丝巾打造，几何形的抽象图案，柔软光滑的面料，上下统一的着装风格，体现出复古的美感与时尚。同时，丝巾包饰也可以与素色的服装搭配，如黑、白、灰等无彩色的服装搭配色彩鲜艳、图案丰富的丝巾包饰，将成为全场的焦点。

图4-14 丝巾包饰设计

5. 丝巾首饰

提到首饰，大家都会想到金属材质的饰品，但是丝巾也能够变身为首饰为服装整体增添光彩，甚至比金属制成的首饰更加富有创意和时尚。如图4-15所示，将小方巾折叠成带状系在手腕处，变身丝巾腕带，搭配素色的服装，能提亮整体的着装形象，手腕处的丝巾宛如一只振翅欲飞的蝴蝶，动感而时尚；或将丝巾与不同样式的珠饰结合，变身一条精美的项链装饰，华丽与质朴、纤细与粗犷、规整与凌乱的搭配让项链展示出一种别样的美感。除此之外，丝巾还可以变身戒指、耳饰等更多的首饰品，只要有创意，搭配合理，百变丝巾就能够给人展现出不一样的美感与时尚。

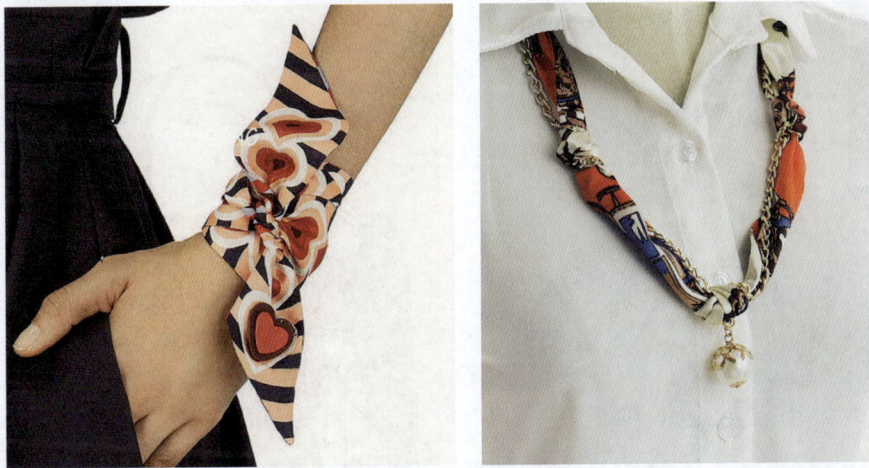

图4-15 丝巾首饰设计

6. 丝巾胸巾

丝巾不仅仅是女性的专属物品，也可以成为男士的时尚饰品。当男士着正装时，若感觉整体色彩单调、低沉，可选用色彩亮丽的小方巾折叠成三角形或其他花饰造型，放置在西装上袋中，露出一角将会提升男士整体的气质形象，充满时尚感，而且给人一种温文尔雅的绅士形象（图4-16）。除此之外，丝巾还可以作为男士的领巾进行佩戴，绅士的着装，小巧的丝巾装饰，凸显男士的稳重与优雅。

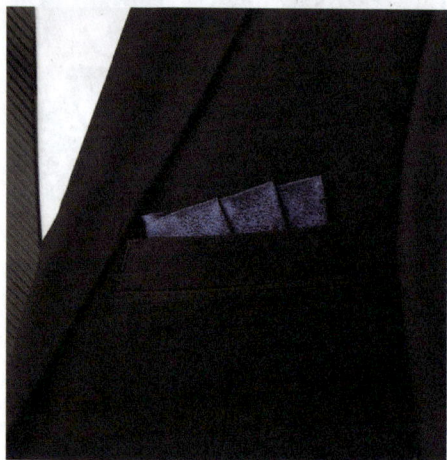

图4-16　胸巾设计

（三）丝巾与服饰品

1. 丝巾与包饰

在单一色调的包饰上搭配亮丽的丝巾装饰，能够提升整体包饰的视觉感受，体现华丽、多彩的时尚元素，如图4-17所示。包饰挺括的外型与丝巾飘逸的质感形成强烈的对比，硬与柔的结合，让包饰更具韵味，如同一只展翅的蝴蝶在包饰上翩翩起舞，飘逸与动感的包饰更具女性的柔美；在色彩上，包饰应尽量选择素色，衬托出丝巾的华美、华丽与质朴的对比突出亮点。

图4-17　包饰上的丝巾装饰

2. 丝巾与帽饰

在帽身与帽檐处环绕一条丝巾，能够感受到青春洋溢的气息，体现年轻、活力、飘逸、动感的时尚设计，如图4-18所示。丝巾与帽搭配时，要注意帽的色彩尽量选用净色，这样与丝巾搭配在一起时，突出丝巾的色彩与质感，为帽饰锦上添花。需要注意的是，如果帽子本身的图案就很丰富，就不需要丝巾再进行装饰了，如果一定要选择丝巾装饰，可以选择净色的丝巾衬托出图案的精美，否则过于花哨的图案则画蛇添足，失去美感。

图4-18 帽饰上的丝巾装饰

3. 丝巾与鞋饰

用丝巾充当鞋带系在脚腕处与丝巾腕带有异曲同工之妙，宛如一只蝴蝶在脚踝处翩翩起舞，体现朝气、青春、个性化的时尚气息，如图4-19所示。丝巾与鞋饰搭配时，要注意鞋饰的样式尽量简单，不要过于复杂，用色彩炫丽的丝巾扎系成繁复的花饰结扣装饰鞋面或脚踝，为整个鞋饰增添美感。

图4-19 鞋饰上的丝巾装饰

课后训练：丝巾的图案设计

要　　求：请同学们进行丝巾图案的创意设计，发挥创意想象，将实用性与装饰性相结合。

考核要点：1. 作品能引起共鸣。

2. 注重丝巾图案主题和细节表现，有独特的设计理念。

3. 作品图案主题表达和细节设计的创意表达效果。

第二节　领带（结）设计

一、领带（结）的发展历史

早在古罗马时代，战士们的胸前都系着领巾，但这种领巾不是装饰而是战刀的擦刀布，战斗时把战刀往领巾上一拖，可以擦掉上面的血，这也是现代领带多用条纹型花纹图案的由来。

男子领部是西方服装极为重视的装饰部位。17世纪的巴洛克时期，男士因颈部皮肤的裸露而兴起名为"克拉瓦特"和"斯坦科特"的领巾装饰物。18世纪的洛可可时期，男子胸前的装饰物也跟随时代发生了改变。这种饰物用花边或轻薄织物制成，有波状褶边，有固定式和分离式两种形式，在繁盛期取代了领巾的地位。在领部有一种名为索立台儿的黑色缎带，配扎浅色蝴蝶结来固定衬衫领口，在造型上起到装饰作用。这种装饰为现代的领结奠定了基础。

19世纪初，克拉瓦特流行小型的款式，显得精致而简洁。到了成长期，则强调了系结的方式变化，翻新出32种系法，常见的有拜伦式、爱尔兰式、东方式和简洁式。克拉瓦特的用料有的是丝绸，有的是浆过的细棉布，名称也随之发生了变化，围在衬衫领口前面覆盖面较大的薄质条称为"斯卡夫"，即围巾，较小型的称作"耐克塔依"，即领带。至此领带从围巾中分化出来，到1890年，演变成现在的样式，称为"夫奥·因·汉德"，意为四个步骤完成系带，因此也译作"四步领带"。这是一种中央部分有些变细的长领带，一般为斜裁，内夹衬布，系于领片下，在喉咙处以四个步骤打出一个活结，两端互叠垂挂至腰部。之后，领带形制一直保留至今。图4-20为西方各时期的领带发展。

图4-20　西方各时期的领带发展

二、领带（结）的款式设计

领带分为男士正式领带和休闲领带。正式领带多为箭头型领带，因领带大小两端呈三角形的箭头状而得名。箭头型领带是领带中最基本的标准样式，长度在132~142cm，宽度在9.5~10cm，领带打完后，领带尖要正好落在皮带扣上。箭头型领带常用于男士搭配西装，使整体显示出庄重、大方的着装风格。

休闲型领带有平头型领带、宽型领带、巾状领带、细绳领带等，不仅男士可以用于创意搭配，女士也可以使用，且展示出潇洒、帅气的中性风格，如图4-21所示。

图4-21　女性领带设计

领结，又名翼状领带，一般分为小领花和蝴蝶结。小领花主要用于男士穿着礼服时佩戴，主打黑白两色。黑领花用于搭配小礼服及礼服变种，而白领花则只用于配穿燕尾服。而蝴蝶结则是由小领花发展而来，比领花大，因结成后像只振翅欲飞的蝴蝶而得名，常采用黑色、紫红色等绸料制作，一般与礼服相配。正式的领结有着严格的穿搭要求，也有一些休闲领结供平时穿搭使用（图4-22）。

图4-22　领结设计

领带和领结都是男士的装束搭配饰品，领带展示男士严谨、庄重的风格特征，而领结则展示男士优雅、绅士的风格特点。

三、领带（结）的图案设计

因箭头型领带的形式变化不大，其风格特点主要体现在图案的设计上。领带图案多为印花，通过印花、压花等工艺将图案隐藏在领带内，提升领带低调、优雅的气质内涵（图4-23）。

相对而言，休闲类型的领带在领带的图案上用色相对比较大胆，用色明亮，图案夸张，加入新鲜、时尚的流行元素，彰显领带的青春与活力。

图4-23 领带图案设计

而领结相较领带而言，适用于较为轻松、休闲的场所，所以在图案的设计上相对比较开放，但正式场合的领结也是要遵循庄重、儒雅的风格进行图案的设计，而休闲、轻松的场合搭配的领结可以在图案和色彩上大胆一些，让领结成为服饰的亮点，展示不同的流行与时尚（图4-24）。

图4-24 领结设计

四、领带（结）的搭配

领带（结）是职场男性的伙伴，领带使男性稳重、成熟；领结则彰显男士的绅士与优雅。无论是领带还是领结，搭配得体都会为服装整体造型加分，彰显出男性的个人魅力。

休闲型领带男女均可佩戴，而且女性搭配领带更有个性和魅力。现代职场的女性与男性一起打拼、共事，营造自己的那份荣耀。职业装已然成为职场女性的代表，严谨、干练、雷厉风行的女性形象尤为鲜明，中性风席卷职场。这其中就有专属于男士的饰品——领带，也开始在女性的身上开枝散叶，打造不一样的个性与时尚。女性佩戴的领带相较于男性还是有所区别的，在领带的造型上有更多的创意空间。例如，改变其领带细、长、硬的刚硬风格，将其改变为短、粗、胖的创意造型，与百褶裙相搭配，彰显女性圆润、柔美的内在气质，但浅灰的色调又体现了稳重、冷静的处事风格，温柔与稳重兼备，如图4-25（a）所示。再者，女性的领带可以多些创意性的装饰，让其更有变化和美感。例如，取其箭头型领带的样式，在领带上钉上距离相等的装饰扣，与衬衫西裤相搭配，展示出女性潇洒、帅气的中性风，如图4-25（b）所示。

(a)　　　　　　　　　　　　　　(b)

图4-25　创意领带搭配职业装

带状领带造型柔软、飘逸，多采用丝、绸、纱等材质，营造女性的一种柔美、温柔的气质。职业裙装是最能体现女性的知性与优雅，例如简单的款式、流畅的线条，搭配飘逸的带状领带，领带交叉后垂落在胸前，大方、自然，展现出女性优雅的体态，稳重而大气（图4-26）。

图4-26　带状领带搭配职业装

　　甜美可爱的服饰搭配让女性形象娇小可人，温柔甜美，但放到职场中却给人一种职场新人的感觉。如若从装束上打破这种印象，可以通过配饰进行调和。例如，甜美的粉色系外套搭配优雅的灰色裙装，体现出女性温婉甜美的气质形象，但是在脖颈处搭配一条黑色的带状领带，会削弱甜美的气质形象，有一种柔中带刚、刚中有柔的气质，让人不可小觑（图4-27）。

图4-27　带状领带搭配淑女装

　　除此之外，领带还可以按照人群的年龄层次进行选择性搭配。青年人精力充沛、热情洋溢，搭配领带时，可以选用花型活泼、色彩强烈的领带，以增加使用者的青春活力；年龄较大的人沉稳老练，可以选用庄重大方的花型，彰显男性品质；而女式的服装色彩相对比较丰富，领带以素色为宜。

课后训练一：领带图案设计

要　　求：请同学们进行领带图案和花色的创意设计，发挥创意想象，将实用性与装饰性相结合。

考核要点：1. 作品能引起共鸣。

　　　　　2. 注重领带图案的细节表现，有独特的设计理念。

　　　　　3. 作品细节表现的创意表达效果。

课后训练二：领结造型设计

要　　求：请同学们进行领结的造型设计，发挥创意想象，将实用性与装饰性相结合。

考核要点：1. 作品能够引起共鸣。

　　　　　2. 注重领结造型的细节表现，有独特的设计理念。

　　　　　3. 作品细节表现的创意表达效果。

第三节　首饰设计

一、首饰的发展历史

（一）中国首饰的发展

在人类还没有产生服装的概念时，饰品就已作为重要的元素出现在人们的生活中。原始人类最早的饰物是颈饰，在旧石器时代晚期就已经有人类用兽牙、贝壳、石子等材料制成简单的串饰，如图4-28所示。奴隶制时期，项饰已经作为女子的重要服饰标志，周代女子十五许嫁，脖子戴缨（玉石等材质穿成的项饰），表示已有归宿。封建社会前期，女子对自身的装饰有了更多的种类，除了项饰、耳饰等，在发髻上都有发饰装饰，以增加女性的娇艳和妩媚。女子发饰种类极为丰富，除有的起固发作用外，大多数是一种对头部的美饰，其中最为流行的典型发饰就是步摇。步摇以金制成，又名金步摇。在花枝状的饰物上垂以珠玉，插于发上，走动时随之晃动，所谓一步三摇而得名，步摇的产生更加增添了女性灵动、婀娜的美感。步摇作为发饰影响极深，始于战国，魏晋时期制作工艺更加复杂，造型精美华丽，延至唐代而广为流行。在各种发髻上的变化中，插上花枝招展的步摇，行走时叮咚悦耳，甚是美丽。封建社会中期，女性的发饰发展迅速，唐代的发饰也是在前代基础上创新发展而来的，其发饰主要包含簪、钗、钿等饰物。簪是单股的长针，装饰部位在簪头，造型各异，如花卉、鸟兽、燕蝶等，材质也非常丰富，如金、银、玉、玳瑁、犀角、翡翠等。在贵族女子的头饰上竞显奢华，在发簪上可见一斑。钗是双股或多股的长针，是簪的发展品。由于是双股，固发的作用更强。其装饰部位在钗头，最常见的为凤形，即金凤钗，另外还有金雀钗、燕钗等。钿是装饰鬓发的薄形发饰。唐代钿镶嵌珠玉宝石和簪钗结合，称为花钿或宝钿。宫中的钿有标明贵妇品第的作用，如命妇一品花钿九树，依次狄建伟五品花钿五数、树，其下则无。我国古代女子极为重视发饰，这既是古代女子审美意识的反映，也是社会对女子理想形象的一种肯定。

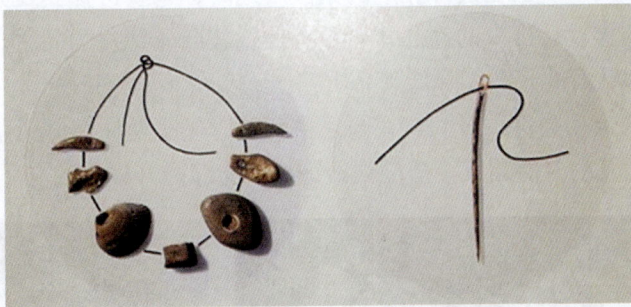

图4-28　远古饰品和骨针

（二）西方首饰的发展

古代的西方，人们更加重视首饰的发展，首饰很早就成为人们服饰中不可或缺的重要部分。古埃及时代，首饰的种类主要有项饰、耳环、手镯、手链、指环以及项饰平衡坠子等，制作精美、复杂，并带有特定含义。古埃及法老、贵族的首饰多用贵重金属和半宝石合成。

古埃及制作首饰的材料运用天然色彩，取其象征意义。金是太阳的颜色，而太阳是生命的源泉；银代表月亮；天青石似深蓝色夜空；绿松石和孔雀石象征尼罗河带来的生命之水；墨绿色碧玉是新鲜蔬菜的颜色，代表再生；红色碧玉像血，象征着生命。

古罗马时期，戒指是罗马人的最爱，且是富有者炫富的资本。罗马人对戒指的佩戴有着严明的规定，平民只能带铁戒指，而贵族才能带金戒指。有的贵族为了炫富，会在手指上戴好几个戒指，甚至在脚趾上也戴有宝石戒指。此外耳饰也是罗马女性的重要饰品，多以宝石为主，往往是中间一颗大宝石，下垂三颗小宝石，行走时，小宝石晃动时发出悦耳的声音。

二、首饰造型种类

现代社会，随着人们生活水平的提高，人们对自身形象的追求也愈加重视，首饰成为人们装扮自身形象重要的饰品。首饰分类的标准很多，可以按材料、按工艺手段、按风格特点或按装饰部分等分类。

按首饰使用的材料分，有金属、贵金属、不锈钢、皮革、绳索、丝绢、木材、塑料、橡胶、动物骨骼、贝壳、玻璃、陶瓷等；按首饰的工艺手段分，有镶嵌、编织、熔铸、雕刻、缝制等；按首饰的风格特点分，有流行风格、艺术风格、传统风格、民族风格、时尚风格等；按装饰部位分，有头饰、耳饰、面饰、颈饰、胸饰、手饰、腰饰、脚饰等。

三、常用首饰的材质特点

（一）钻石

钻石是迄今为止人类发现自然界中最坚硬的物质，用来代表情感的永恒。一枚护理良好的钻石会永远夺目。钻石的闪亮程度取决于切割面，切割面越多，钻石的反射越为闪亮。但硬的东西脆性也大，因此在做体力劳动或剧烈运动时应避免佩戴钻石首饰。存放时不要与其他珠宝混放，以免摩擦受损，影响佩戴效果。

用钻石制作的首饰种类繁多，采用镶嵌工艺，如项饰吊坠、耳饰、戒指等（图4-29）。由于钻石的反光度极高，所以在选择相应的镶嵌质地时，也要选择其反光度比较高的材质，如铂金、银饰等，这样设计出来的饰品才会具有美感，凸显钻石的品质。若将钻石与吸光材质相搭配，则会减弱钻石的光泽，降低其品质感。

用钻石打磨出的饰品高贵、时尚，在与之搭配的时候也要注意其风格的体现，如高贵典雅的晚礼服、经典大气的时尚装束等搭配钻石饰品，能够提升整体的气质与品质。

图4-29　钻石首饰

（二）贵金属

贵金属主要指金、银和铂族金属。这些金属色泽自然、美丽，具有较强的化学稳定性，在一般条件下不易与其他化学物质发生化学反应。由于是天然物质，对人体没有伤害，且有一定的养护作用，所以制成的饰品深受人们的喜爱。每种贵金属的质地与风格都不一样，所以选择贵金属材质的首饰也要有合适的搭配。

1. 黄金

黄金是一种质地柔软、表面呈现金黄色泽、具有良好的抗腐蚀性的金属，表面极易被硬物划伤，影响其光泽度和外观形象。所以用黄金制作饰品时，为了提高硬度，一般要添加铜和银等金属元素。黄金是古老的金属材质，用黄金制作的饰品给人一种贵气、富有的视觉形象。黄金表面的反光度不是很高，设计黄金首饰时尽量不要添加反光度很高的装饰物，否则会盖过黄金的光芒，反客为主。

日常生活中搭配黄金饰品时宜小不宜大，如样式简单的戒指、纤细的项链、手链等，都可以很好地衬托出黄金的古典美。与服装搭配时可以选用暖色系的色彩风格，与表面金黄色的黄金饰品容易协调统一。图4-30为金饰设计。

图4-30　金饰设计

2. 银

银是一种表面呈银白色的金属，反光感极高，是在古代就已知并被人类加以利用的金属之一，具有较高的化学稳定性和收藏观赏价值。银饰中含有的银离子，长期佩戴能够起到保健作用，深受人们的喜爱。

银同金一样，都是属于古老的金属材质，银的表面呈银白色，属冷色系。但银饰的表面所散发出来的光感偏暗，而且银饰戴久了与汗液发生反应会降低光泽度，呈现一种古老的怀旧感。所以银饰多以传统的少数民族服饰相搭配，呈现出一种传统、民俗的美感。图4-31为银饰设计。

图4-31　银饰设计

3. 铂金

铂金是一种天然形成的白色贵重金属，表面闪烁出耀眼的光芒，质地坚硬，不易被刮花、腐蚀，被人们认为是最高贵的金属之一。铂金与钻石搭配制成的饰品，质地坚硬、耐磨保色，深受人们的喜爱。

铂金与银饰一样，表面都有着极高的光感，相较于银饰，铂金的光感更自然、更持久，且不会因与皮肤的长时间接触而出现氧化，降低光感度。所以很多女性都非常喜欢铂金，它给人一种时尚、潮流的现代气息，通常与钻石相搭配，被誉为情感中的永恒。

用铂金与钻石相配制作的首饰种类繁多，如项链、戒指、手链、脚链等。铂金的受众面较广，很多风格的服装都可以与其相搭配。图4-32为铂金饰品设计。

图4-32 铂金饰品设计

（三）玉石

玉是矿石中比较高贵的一种。玉石富含多种微量元素，古人爱玉，有玉之润可消除浮躁之心，玉之色可愉悦烦闷之心，玉之纯可净化污浊之心的说法。所以君子爱玉，希望在玉的身上寻到天然之灵气。用玉石制成的饰品晶莹剔透，由天然形成的纹理和色泽为玉饰品增添了一番神秘的色彩。

玉石是比较古老的矿石，历史悠久，深受亚洲人的喜爱。佩戴玉石给人以优雅、高贵的自然气质，所以搭配玉石，可以选用旗袍一类的中式服装，衬托玉石的品质感与优雅美。需要注意的是玉石质地脆，在佩戴时避免与之发生大力的碰撞。

用玉石制作的首饰多为手镯和项链吊坠，还有的通过镶嵌工艺与贵金属相搭配制成的耳饰、戒指也深受人们的喜爱，如图4-33所示。

图4-33 玉器饰品设计

（四）珍珠

珍珠是一种概念古老的有机宝石，主要产在珍珠贝类和珠母贝类软体动物体内，种类丰富，形状各异，色彩斑斓，非常漂亮。珍珠形状圆润，色泽醇厚，手感温润。珍珠如保养不适当，则会失去迷人的光泽。不佩戴时，用纯净水冲洗，放入柔软的丝绢小包内保存，避免与酸性或碱性物质接触，避免接触高温。

珍珠表面呈现出圆润、均匀的光泽，不会太亮，彰显低调而奢华的质感。选用具有品质感的套装，或中式礼服与造型圆润的珍珠饰品相搭配，使佩戴者看起来具有内涵修养和高雅的气质，象征着健康、纯洁、富有和幸福，深受女性的喜爱（图4-34）。

图4-34 珍珠首饰

（五）彩色宝石

彩色宝石，也称有色宝石，是除翡翠玉石外所有宝石的总称。彩色宝石不是一种宝石，而是由数十乃至上百种宝石共同构成的一类宝石。常见的彩色宝石包括红宝石、蓝宝石、祖母绿、海蓝宝石、坦桑石、碧玺、乌兰孖努等，受到很多饰品设计师的青睐。彩色宝石通常具有玻璃般的光泽，通透明亮。彩色宝石的最大特征是其具有天然的颜色，自然界所有的颜色在宝石中都能够找到，而且宝石中所蕴含色彩之美丽，是其他任何物质和人工方法（如摄影、绘画）都无法企及的。用彩色宝石制作的饰品时尚感强，多采用镶嵌工艺，可以打造出不同个性的风格特征，深受时尚人士的喜爱。图4-35为彩宝首饰设计。

图4-35 彩宝首饰设计

（六）其他材质

除以上几种材质外，还有很多其他材质的饰品表现出不同的设计风格。例如，不锈钢制成的饰品风格粗犷，质地坚硬，表面呈钢性光泽，适合男性佩戴；陶瓷饰品质地醇厚、图案如水墨晕染般的国画风格，具有民族特质的饰品，非常适合东方气质的女性佩戴；塑料材质的饰品色彩鲜亮明艳，色泽均匀，适合儿童或青少年佩戴，尽显可爱、俏皮的风格特点；皮革、木、绳索等材质的饰品外形粗糙、纹理模糊，非常适合制作男性或中性风格的饰品，尽显青春、个性的风格特征。图4-36为用不锈钢、陶、绳艺、木雕等其他材质设计的饰品。

图4-36 不锈钢、陶、绳艺、木雕等其他材质设计的饰品

四、首饰设计

首饰属装饰性饰品，所以在造型设计上有着极大的创意空间，没有界限的造型设计让设计师思维开阔，设计样式精美的首饰，传递着美的感受。除此，它还是一种情感的表达，可进行爱的传递。我们经常可以看到关于"时来运转""一生一世"等美好寓意的首饰，人们将运势、祝福寓于首饰中，表达自己的思想，寄托自己的情感，带着美好的祝福开启幸福的生活。

（一）头饰设计

生活中，能够用在头上的饰品多为女士的发卡、头绳等，起固定头发的作用，实用又美观。但作为一些创意性的头饰，夸张、精美、奢华的设计给人带来了一种全新的体验。

创意头饰造型类似于帽饰，但比帽饰小，有的能盖住头顶，有的只在头上做些精美、有趣的装饰。创意头饰多为造型夸张、运用不同的材质进行色彩的搭配，诠释出各种风格迥异的头饰造型，美轮美奂、精彩绝伦。奢华型头饰多采用镶嵌工艺，将各种元素的珠、石镶嵌在一起，像是举办一场盛大的宫廷晚宴，展现出精美、奢华的贵族风格，如图4-37（a）所示；创意性头饰则样式多变、种类丰富，无论是水果蔬菜、还是花卉植物都能组成有趣、可爱的头饰造型，打造别样的趣味形象，如图4-37（b）所示。

(a)

(b)

图4-37 头饰设计

（二）耳饰设计

耳饰在生活中很常见，也是人们经常佩戴的首饰之一。耳饰分为耳针、耳钉、耳坠、耳环、耳链等多种形式，每种造型都体现着不同的风格特征。

耳针多指穿过耳洞的细针，没有任何装饰，简单、质朴。有些耳针会在颜色上加以变化，或在耳针的一端设计一个小小的装饰，打造个性特征；耳钉是在耳针的一端有或大或小的装饰物，装饰物的材质多变、风格迥异，或淑女恬静、或夸张另类、或时尚自然、或可爱俏皮，深受不同年龄的女性喜爱；耳坠是在耳钉的下方装一个可以活动的装饰物，耳坠长短不一，随着走路的姿态而自然晃动，灵动可爱，充满动感；耳环则是一个圆圈围绕着耳垂，或大或小的圆圈展现女性圆润可爱、潮流个性的时尚气息；耳链则是耳针处连接一根细细软软的链子，穿过耳洞自然下垂，耳链可根据前后的距离调整长短，展现别样的风情与美感。

不同的耳饰展示出不同的风格魅力，耳饰的创意设计也是层出不穷。金属、布艺、编织、流苏、陶瓷、珠石、均可成为设计耳饰的创意材料，为其打造不一样的奢华风格与时尚美感，如图4-38所示。

图4-38 耳饰设计

（三）颈饰设计

生活中，颈项是人们非常重视的部位，修长的脖颈，佩戴一条精美的项饰，凸显了女性高贵、典雅的气质形象，宛如一只白天鹅般高贵。

颈饰设计的种类多样，风格迥异，主要分为项链和挂饰两种类型。项链主要与女性的脖颈相搭配，长度处于女性的锁骨处，展示其性感、妩媚的女性特质。项链又有链和圈的分别，项链造型纤细、线条柔美，通常与挂坠相搭配，金属材质的项链高贵、典雅，具有品质感；而绳编的项链质朴，具有民族风情；项圈则相对比较酷野，材质多以绳、皮革的材质居多，质地较硬，有一定的宽度，造型感较强。在项圈上镶嵌不同的装饰，体现出不同的风格特点。如图4-39所示，皮革质地的项圈上镶嵌不锈钢的装饰物，皮革低调暗雅的纹路搭配不锈钢材质冷硬严峻的光感，给人以一种另类、个性、不易靠近的距离感，像是邻家的坏小孩，外表冷酷，但内心柔软，让人又爱又怕，自我而独特。

图4-39　项圈设计

　　挂饰主要与服装上衣相搭配，长度一般在胸部以下，多以链式为主，与服装一起营造整体的和谐美。挂饰的种类多样，有些是与挂坠相搭配，纤细的链子衬托出挂坠的精美，低调而时尚；有些挂饰采用珠、石、木、陶、塑料等材质串联在一起，展现一种造型丰富的创意设计，搭配造型简洁的服饰，能为其增光添彩，具有时尚的美感（图4-40）。

图4-40　挂饰设计

　　而有些创意性颈饰与项链的长度大致相同，处于人体锁骨的位置。但造型却异常夸张、增加了很多创意性的元素，让其变得奢华、精美。创意颈饰适合大型晚会或舞台展示，具有较强的视觉冲击力，如果在日常生活中，则会显得异常夸张、怪异（图4-41）。

图4-41　创意项饰设计

（四）胸饰设计

胸饰设计是定义于服装胸前的装饰物，提升服装品位，打造精致感。胸饰分为胸花、胸针、胸巾等。女士一般佩戴胸花、胸针，胸花多以花饰造型装饰，体积较大，飘逸柔美，而胸针多为珠、石等硬性反光材质，造型小巧、奢华精致，如图4-42（a）所示；男士一般佩戴胸巾，多与西装搭配，将胸巾进行花式折叠，放置在西装上袋，并露出其中一角，展示出男士优雅、绅士的品位与品质感，如图4-42（b）所示；有些男士也佩戴胸针，但胸针的造型相对于女性要富有个性，体现其独特的男性魅力，如图4-42（c）所示。

除此之外，用来制作胸饰的材料还有很多，如羽毛、皮革、塑料、陶瓷、水晶、宝石、珍珠等，不同的材质所展现出来的风格与美感是不同的，搭配的服装也要因"饰"而议，

(a)

(b)

(c)

图4-42 胸饰设计

（五）手饰设计

手饰是生活中常见的饰品，无论男女老少均可佩戴。手饰分为戒指、手环、手镯、手链、手绳、臂饰等多种造型款式，为不同年龄、性别的人群寻找合适的款式。

戒指多为青年男女和已婚男女佩戴的饰品。男性未婚青年多喜欢选择具有创意性、风格酷野的装饰戒指，如不锈钢材质的骷髅头、飞鹰等造型的装饰性戒指，展现出男性硬朗、随意、帅气、个性的潮流风格；而女性无论什么阶段，都比较偏爱贵金属材质的戒指。当然，也有一些创意性的戒指，如五指戒，五个戒指用细线连接，每个手指上都有一个戒指，非常富有个性和创意（图4-43）。

图4-43　戒指设计

手环形似圆环，扁平，上有装饰物；手镯形似圆环，相对于手环比较饱满，圆润，材质如玉、金、银或其他材质，手镯上的装饰物较少，多为平滑、圆润的造型，有些采用印花、雕刻、拼接等工艺手法进行手镯表面的装饰；手链以链为主，围绕手腕一圈或多圈，有些手链会搭配细小的装饰物，让手链更具灵活性。手链线条流畅、悬垂性好，搭在手上自然下垂，活泼富有动感；手绳采用编织工艺，男女均可佩戴，缀以装饰坠，化身情侣手链，单纯、质朴，非常具有纪念意义；臂饰则用于装饰手臂，多为金属材质，造型宽大，佩戴于手臂处，体现其粗犷、潇洒的风格特点。

创意型手饰造型多样、风格多变，充满创意感的手饰设计让人大为惊叹。例如，怀旧色泽的金属条，选取长短、薄厚不一的金属条围成一个圈，怀旧的色泽在手腕处宛如一座年代已久的城市，富有历史的沉淀感，展现低调的奢华，如图4-44所示；手饰的创意无所不在，夸张、奢华、唯美、性感、酷野的风格形态各异，展示不一样的美感与时尚，如图4-45所示。

图4-44　手镯创意设计

图4-45 创意手饰设计

（六）系列设计

首饰同服装一样，有自己独立的设计体系。首饰的系列感是让其更加统一、完整。进行系列首饰的设计时，要注意首饰的造型、色彩、材质要保持一致，设计元素相同但首饰之间设计手法要有侧重。例如，同为奢华的造型设计，在设计时要注意线条、元素之间的搭配和选择。不能运用同样的设计手法，否则会导致视觉疲劳，没有变化感。同时，还要注意首饰间的繁简对比，同色同质同风格的首饰设计，要区分首饰间的造型感，突出主体，让其他的饰品成为一种衬托，突出其整体中的精髓。如图4-46所示，案例中头饰、耳饰、颈饰为一套系列设计，头饰和颈饰的设计夸张而奢华，繁复的造型设计精美绝伦，耳饰的设计则造型简单、小巧精致处于头饰与颈饰中间，起到了调合作用。

图4-46 系列首饰设计

五、首饰搭配原则

首饰的种类多样，造型千差万别，色彩琳琅满目，每一件饰品都有着独特的风格，佩戴出不同的效果。首饰虽美，但是在搭配时也要注意相应的法则，首饰不是越多越美，要选择适宜的首饰才能体现出美的感觉。其次首饰还要注意与服装的搭配效果，不能一味地凸显首饰的华贵而忽略服装，否则非但起不到美的效果，还会适得其反。

（一）减法原则

佩戴首饰时数量上要以少为佳。首饰的佩戴是为女性的气质形象起到画龙点睛的作用，佩戴多了就是画蛇添足，所以在佩戴首饰时，要学会做减法，尽量不要将项链、耳环、手链、戒指、发饰等各种类型的饰品全戴在身上，这样的佩戴方式会让人感觉是饰品展示架。若有意同时佩戴多种首饰，首先要注意饰品的系列统一，再遵循"饰不过三"的搭配法则选择佩戴。

（二）繁简对比原则

首饰与服装相搭配，要注意繁简对比的搭配原则。如果服装线条流畅、造型简单，色彩质朴，那首饰可以选择造型繁复、华丽精美的设计，与服装的质朴、简洁形成对比，突出首饰的造型，成为整体服装的亮点；反之，如果服装造型立体、色彩丰富，那搭配的首饰就要尽量低调，简洁，衬托服饰的精美，起到衬托的作用。服装与首饰的搭配相辅相成，相互成就，彼此衬托，繁简搭配，呈现时尚、精美的外观形象，如图4-47所示。

图4-47　首饰与服装搭配的繁简对比

（三）服饰统一原则

首饰是服装的附属品，要依附于服装才能体现其魅力。服装有不同的风格，首饰也有自己的个性，服装和首饰要风格统一才能体现出其整体的美感。有些女性非常钟爱某种风格的首饰，经常一件首饰打天下，无论穿着什么服装都与之搭配，这样的搭配非但不会提升服装的整体形象，甚至还会破坏整体造型。如果没有合适的首饰，宁可选择不戴也不要因为喜欢而破坏整体的服饰形象。图4-48所示为首饰与服装搭配的统一原则。

图4-48　首饰与服装搭配的统一原则

（四）同色搭配原则

根据服装风格搭配的首饰，可搭配一件，也可搭配多件。若遇多件首饰同时搭配时，要注意首饰与首饰之间色彩或风格的一致性，上下呼应，才能体现出整体感，否则非但没有美的形象，还会影响整体的视觉效果。尤其是佩戴镶嵌类首饰时，不仅要根据服装风格选择搭配样式，还要注意首饰之间要有联系。切勿选择多种色彩不同的首饰，让人眼花缭乱，影响整体的视觉形象。图4-49为首饰与服装的同色搭配原则。

图4-49 首饰与服装的同色搭配

课后训练：首饰的系列设计

要　　求：请同学们进行首饰单品和系列首饰的创意设计，发挥创意想象，将实用与装饰相结合。

考核要点：1. 作品能引起共鸣。
　　　　　2. 注重首饰的细节表现，有独特的设计理念。
　　　　　3. 作品细节表现的创意表达效果。

第四节　腰饰设计

一、腰饰的发展历史

中国早期的服装多不用纽扣，只在衣襟处缝上几根小带，用以系结，这种小带称为"衿"。为了不使衣服散开，人们又在腰部系上一根大带，这种大带就叫腰带。由于腰带具有这种特殊的作用，所以古人对它十分重视，不论穿着官服、便服，腰间都要束上一带。天长日久，腰带便成了服装中必不可少的一种饰物。图4-50为古代服装部位图。

在奴隶制时期的冠服制度中，腰带就作为重要的服饰部件而存在。周代的冠服制度，腰带随冠服款式、适用场合、官阶品级等而变化，如天子、诸侯所服用的冕服中，天子素带朱里，诸侯至大夫皆素带，士缁带。春秋早期出现的带钩，男女都可使用，用青铜做成，固定在革带的一端，束腰时把带钩钩住革带另一端的环或孔，使用方便，与今天所用的皮带相类似，因带钩在衣服外面，所以讲究美观，工艺也日益精湛，战国时带钩制得极为精美，材质高贵，工艺精良，形式多样。封建社会后期，明代官员的朝服与公服上的腰带根据官阶品级又分为玉带、犀带、金代、银带和乌角带。古代的腰带多为一种身份的代表、官阶品级的象征，它与今天人们用来系束裤裙的带子名称虽同，但作用却并不一样。

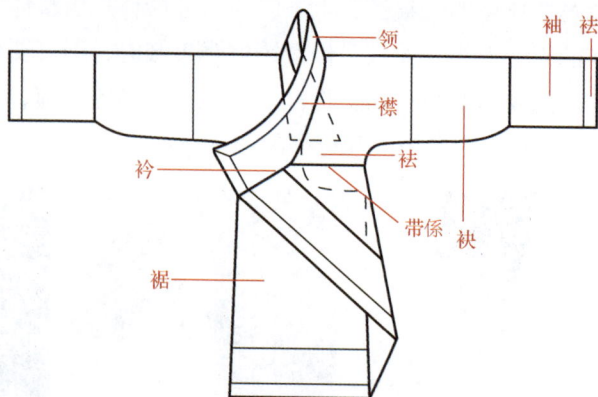

图4-50　古代服装部位图

如今腰带已经成为一种时尚，男士西装裤上束的皮带不是扎系裤腰，而是一种品位的体现，时尚的象征。女性裙装中的腰带凸显了女性的腰肢，具有极强的装饰作用。今天的腰带的作用已经延展到了实用性之外的时尚搭配，甚至点缀的意义也日益凸显。在设计师的设计理念中，对腰带的重视程度也是日益增加，一些国际大牌在腰带上下足了功夫，每季都会推出富有意义的新款，或者使用了新的材料，或者应用了新的理念。

二、腰饰造型种类

随着大家对腰饰的认可及时尚的追求，现有腰饰品种越来越多，腰饰的设计越来越个性化，款式也越来越丰富。具体来说，我们可以按使用人群、使用材料、腰带扣的类型、使用功能及特点，还有腰带宽度等多种方法划分腰带的种类。

按使用人群分，有男士腰饰、女士腰饰、中性腰饰、儿童腰饰等；按使用材料分，有真皮腰饰、PU腰饰、棉布腰饰、金属腰饰等；按腰扣类型分，有针扣腰饰、板扣腰饰、自动扣腰饰、夹扣腰饰等；按使用功能及特点分，有绅士腰饰、休闲腰饰、牛仔腰饰、编织腰饰等；按腰饰宽度分，有常规腰饰、宽板腰饰、窄腰饰、极细腰饰、链子腰饰等。

三、常见腰饰的款式特征

（一）男士腰带

1. 正装腰带

男士正装腰带多为真皮材质，轻轻弯曲皮带，皮面褶皱越细越有光泽，皮质的品级则越高。正装皮带颜色多为黑、棕色，方便搭配正装使用，带身多为压花、印花等图案工艺，显示男性的优雅和品质。"日"字皮带扣是男士正装腰带的标配，"日"字皮带扣分为明扣、暗扣和卡扣三种形式，其中明扣是看得见扣眼和扣针的开放式皮带扣，暗扣和卡扣是隐藏式皮带扣。明扣相对比较休闲，适合非正式的正式场合，暗扣和卡扣则适合正规、严肃的社交场合。图4-51为男士正装腰带设计。

图4-51 男士正装腰带设计

2. 休闲腰带

休闲腰带主要用来搭配休闲装，材质有皮革、尼龙或棉麻等。皮革材质彰显其品质感，让休闲装更具时尚感，主要用来搭配商务休闲的装束。皮带扣相对正式皮带的造型有所变化，没有正式皮带的严谨，如多边形的皮带扣展现俏皮、创意的时尚风格。尼龙、棉麻风格的皮带则偏向于运动休闲风，舒适而自然，花纹也有多种设计，可根据服装风格佩戴。搭配棉麻材质的休闲裤，将腰带尾部自然下垂，或在腰带扣附近打结，让皮带看起来更自然、更洒脱。图4-52为休闲腰带设计。

图4-52 休闲腰带设计

（二）女士腰饰

1. 宽板装饰腰饰

宽板装饰腰饰是指宽度远大于正常腰饰的腰带，腰饰正面的装饰图案丰富，装饰感强烈。宽板装饰腰饰风格粗犷、带有一定的侵略性，在佩戴的过程中带有某种中性的性感。佩戴宽板装饰腰饰时，如搭配上下分体的服装，则对上衣的要求比较严格，要求上衣长度适中，不宜过长，如上衣的长度到达胯部，腰饰会给人造成比例失调的视觉感受；如果选用H型中长外套搭配宽板装饰腰饰，外套的长度最好到大腿二分之一处，方能表现女性优美的体态。图4-53为宽板腰饰设计。

此外，由于宽板装饰腰饰的面积过大，有些还伴有复杂、夸张的装饰图案，在服装中起到画龙点睛的装饰作用。所以，在搭配服装时要注意服装的款式尽量简洁，不要有夸张的图案或装饰物，否则会和腰饰融为一体，显不出主次，破坏整体的视觉形象；反之，如果服装相对繁复，则腰饰就要尽量简洁，以衬托服装。

图4-53 宽板腰饰设计

2. 超细腰饰

超细腰饰是指宽度只有正常腰饰的一半甚至更细的腰饰，表面多以素色为主或带有简单的装饰物，在连体裙装中使用较多，主要起到显示女性优美的身姿、修饰身材和装饰的作用，如图4-54（a）所示。佩戴超细腰饰时，要注意腰饰与服装材质之间的协调性，如在呢料大衣的腰间搭配一条超细腰带，腰带的材质要有一定的造型感，质感不能太柔软，将腰饰扎系在腰间，使呢料外套呈现自然的褶皱，与素雅的腰饰形成一种繁简对比的美感，如图4-54（b）所示。

3. 链子腰饰

链子腰饰多由金属材质制成，纤细有垂感，与夏季轻薄悬垂的裙装搭配，打造一种温柔可人、时尚飘逸的女性形象。由于链子腰饰有一定的重量感，扎系过松会从腰部滑落到胯部，太紧则易在腰间显示出勒痕。为了使链子腰饰稳固在腰间，可以在服装的两侧设置同色的裙襻，链子腰饰穿过裙襻则不会出现上述情况。链子腰饰对于体型的要求不是很严格，只要腰部不是太粗的人，都可以使用（图4-55）。

(a)   (b)

图4-54 超细腰饰与服装搭配   图4-55 链子腰饰与服装的搭配

四、腰饰设计

腰饰的设计主要是造型、色彩、材质以及装饰手法上的设计。其中材质是不容忽视的设计元素，材质的选择决定了腰饰的造型风格。

（一）材质设计

腰饰的材料，可以是一种材质，也可以是多种材质混合设计。男士的正装腰饰多为真皮，搭配精致的金属材质皮饰扣显示出高贵和品位。女士的腰饰多为装饰，在材质的选择上相对比较广泛、皮革、珠石、纺织品、绳带编织、塑料、金属等多种材质。

例如，选用皮革材质设计女性腰饰时可以适当减少皮质的厚重感和宽度，增加皮质的柔软度，让其更自然，改善皮革材质的硬朗，让皮革皮饰更具层次感、造型更轻盈，如图4-56（a）所示；选用珠石材质的腰饰根据装饰性，让其发挥出珠石的奢华与贵气，搭配造型简洁的服饰，衬托出腰饰的华贵、精美，如图4-56（b）所示；选用纺织品设计女性腰饰时，考虑纺织品的质地柔软、轻盈、飘逸的特质，搭配轮廓分明的职业装，柔美与硬朗相结合，展现出女性刚中带柔、柔中有刚的职场风格，如图4-56（c）所示。

(a)　　　　　　　　　(b)　　　　　　　　　(c)

图4-56　腰饰设计

（二）造型设计

腰饰的造型设计主要由腰饰主体部位造型和装饰扣构成。传统的腰饰造型呈长条带状，设计者根据风格特征确定腰饰的宽度、带身形式、腰饰扣、装饰物等元素。其中腰饰的带身是主体，可以打破其长条形的带身设计，利用几何体的变形特征融合拼接、镂空、雕刻、编织等工艺手法重新定义带身造型，也是一种全新的尝试（图4-57）。

图4-57　腰饰造型设计

装饰扣是腰饰设计的灵魂。装饰扣主要用于腰饰两端的连接，起固定腰饰的作用，也是腰饰中变化最大的地方，造型各异、款式精良的装饰扣设计在腰饰中起主导作用。需要注意的是，设计师在处理腰饰的带身与装饰扣之间的关系时，要注意造型之间的繁简对比，如果将全部装饰都表现在带身上，装饰扣则要质朴简洁，反之装饰扣如果高调奢华，带身就要为其衬托，尽量低调而简洁（图4-58）。

图4-58　腰饰扣设计

（三）创意设计

腰饰设计还有很多创意性的设计，夸张的宽腰饰、造型怪异的腰饰、性感的带状设计等，都非常具有装饰性，具有强烈的视觉效果，给服装整体增加了亮点（图4-59）。创意腰饰与服装进行搭配时，要注意其款式、色彩、材质要与服装相搭配和统一，腰带处于人体中间部位，掌握着人下身的比例关系，若服装属于上下连体制，其色彩尽量与服装同色、质其上下一致，给人以修长、高挑的美感，若服装属于上下分体制，则要结合人体实际的比例关系，运用服饰调整比例，给人以舒适、完美之感。

图4-59　腰饰创意设计

五、腰饰的搭配

男士的腰饰比较单一，质地大多为皮革，没有烦琐的装饰，大多为暗花，低调而富有品质。男士穿西服时，将衬衫扎到裤子里，再扎上一条腰饰，显示出男性的绅士与修养；其他服装（如运动、休闲服装）可以选择不扎。而女士的腰饰款式则非常丰富，造型各异、款式多样，实用型、装饰型、创意型的腰饰要根据服装款式风格合理搭配。

（一）服饰搭配

随着现代服装的合体剪裁的发展趋势，服装中真正使用腰带来固定服饰的已经不多了，多半是出于礼节和装饰，尤其在女性服饰中，腰饰在服装中绝大多数都是起装饰作用。当腰饰与服装相搭配时，要注意服饰的款式和颜色，如呢料大衣外搭配一条纤细的装饰腰饰，与服装厚重的造型感形成鲜明的反差，产生厚重与纤细、硬朗与柔美的对比，让腰饰在服装中起到画龙点睛的作用，提升女性整体的气质形象，如图4-60所示。

图4-60 腰饰与服装搭配一

与此同时，还要注意腰饰与服装的色彩搭配。腰饰虽小，但是处于人体正中间，位置最为显著，色彩如果搭配不当，将会造成比例上的失误，影响整体的视觉效果。若要让人显得高挑、挺拔，上下同色是最好的选择，在腰饰上做些小的设计，提升腰部位置，调整上下身的比例关系，展示完美的身材，如图4-61（a）所示；若采用同类色的服装搭配，上下身的色系相近，让人体比例更为明确，用一条色泽艳丽的腰带作为上下服饰的分界线，与外套色彩相呼应，可增强整体色彩的层次感，内呼外应的色彩搭配展现出时尚整体美，如图4-61（b）所示。

(a)　　　　　　　　　　　　　　　(b)

图4-61 腰饰与服装搭配二

（二）体型搭配

1. 细腰体型的搭配

细腰是现在很多女性追求的理想型身材。细腰人的体型在挑选腰饰时，在身材调整方面会比较宽泛，只要符合服装搭配的腰饰都可以选择。但需要注意的是，骨架小且特别瘦的女性在搭配腰饰时，不宜刻意强调腰的纤细，否则会强化瘦弱感，呈现不健康的身体状态，这种体型的人可以将腰饰搭配在胯部，在视觉上拉宽身体的比例，弱化瘦弱感。对于身材比例标准的人，选择腰饰时范围宽泛，需要与个人的整体气质和服装风格相结合，搭配得体，体现整体感，如图4-62所示。

图4-62 腰带与细腰体型的搭配

2. 粗腰体型的搭配

很多办公室人员常年久坐，缺乏运动，导致腰腹赘肉增加，形成人们所说的"游泳圈"。此种体型的人在搭配腰饰时要注意避短，避免在腰部最粗处扎系腰饰，否则会暴露缺点。为了避免人们的视线集中在腰部，身材高挑的人可以将腰饰下移到胯部，身材矮小的人可以将腰饰上提，下身服装蓬松如A字裙、蓬蓬裙等。如果服装相对比较贴身，难以遮住小腹，可以选择在外面搭一件外套，外套的作用是把腰部两侧的视觉效果拿掉，这样从正面看的时候只能看到中间这一块漂亮的皮带扣，可以起到视觉转移的效果（图4-63）。

3. 腰身长体型的搭配

对于腰身长，也就是上身的比例稍长的女性，在搭配腰饰时要注意用腰饰上移的方法调整上下身的比例，转移人们的视线。同时腰饰可以选用稍微夸张一点的宽腰带，强调腰部的分界线，调整腰身比例，如图4-64所示。

图4-63 腰带与粗腰体型的搭配

图4-64 腰饰与长腰身体型的搭配

4. **腿长体型的搭配**

这是与腰身较长相反的身材比例，即上身短、下身长，也是人们非常羡慕的大长腿。这种身材在搭配腰饰时，适合将腰带下移，搭配在胯的位置，可以调整身材比例的视觉效果。不建议将腰饰上移，即使腿长是优势，但腿过长在视觉上给人以比例失衡的感受，也是不美的。图4-65为腰饰与长腿体型的搭配。

5. **胯宽体型的搭配**

胯宽体型特征主要是臀部骨骼比较宽大，腰部显得纤细。在搭配腰饰时尽量避免过细或过宽的腰饰，细窄的腰饰容易与胯形成对比，强调胯部的宽度，增强视觉感，显得胯部更宽；而过宽的腰饰会将腰部显得更加纤瘦。尽量选择宽度适中、款式简单、造型优雅的腰饰，避免款式夸张、烦琐的艺术型腰饰，否则会夸大胯部视觉感，增加胯部宽度。佩戴腰饰时可将腰饰搭在胯上，接近肚脐位置，外面加一件外套，只露出中间腰饰部位，用外套遮挡胯部两边，产生视觉转移的效果。图4-66为腰饰与胯宽体型的搭配。

图4-65 腰饰与长腿体型的搭配　　图4-66 腰饰与胯宽体型的搭配

课后训练：创意腰饰设计

要　　求：请同学们进行腰饰的创意设计，发挥创意想象，将实用与装饰相结合。

考核要点：1. 作品能引起共鸣。

2. 注重腰饰的细节表现，有独特的设计理念。

3. 作品细节设计的创意表达效果。

第五节　手套设计

一、手套的发展历史

手套最早起源于古希腊，古希腊人进食同印度或中东人一样，是吃抓饭的，不过他们用手抓饭之前要戴上特制的手套，手套的实用功能和我们中国使用的筷子相同。13世纪起，欧洲女性开始流行戴手套作为装饰，这些手套一般是亚麻布或丝绸质地，可以长达肘部。这期间，男性贵族也流行戴有装饰的手套。

之后，宗教改变了手套的功能，手套不再作为装饰品，而是成为欧洲宗教的专属标志。例如，神职人员戴白手套，表示权威、圣洁和虔诚。19世纪前，白手套的神圣作用扩大到国王发布政令、法官判案都要戴上。欧洲骑士戴白手套表示执行神圣公务，摘下手套拿在手中表示潇洒悠闲，把手套扔在对方面前表示挑战决斗，被挑战的骑士拾起手套则为宣示应战。

我国早在战国时代就已经出现了手套，在湖北江陵藤店一号楚墓中发现了一双皮手套，此手套长28.5厘米，五指分开，套口稍长，与现代手套的通常样式非常接近。这个时期的手套不仅属于贵族使用的物品，其平民也会使用。除了皮质的手套以外，还有丝绢绫罗材质的手套，在长沙马王堆汉墓随葬的一件九子漆奁里，就装着三幅手套，其中一副"朱色菱纹罗手套"，长26.5厘米，直筒露指头形，大拇指套分缝，掌面为朱红色菱纹罗，掌部上下两侧饰"千金绦"，绦上有篆书白文"千金"字样。在新疆地区也曾出土东汉至晋代的织锦手套，如民丰尼雅一号墓三号墓出土的一副手套上织有"世毋极锦宜二亲传子孙"字样，长35.5厘米，它的形状与马王堆汉墓所见相似，四指合并，大拇指歧出，露出指头。

直到近代，手套从贵族舞台上走到了平常百姓家。在特殊的场合中，手套依旧是特定活动的标志性物品，但平常百姓也是可以佩戴手套的，而且手套的范围也扩大到各行各业，各个阶层都能看到手套的身影。

二、手套的种类

如今，手套的用途越来越广泛，从保暖、装饰、实用的各个方面、各行各业都能看到手套的身影。无论是防寒保暖、医疗防菌、家居打扫、工业防护还是运动出行，都有其特定的手套设计，手套在我们生活中占据了非常重要的位置。

手套的材质有很多选择，皮革、蕾丝、橡胶、超纤、棉纱、毛绒等。在造型上也有多种款式设计，如长筒手套、短筒手套、无指手套、运动手套、装饰手套等。

三、手套设计

根据手套的用途和装饰效果，手套有多种设计方式以及不同的设计风格。如图4-67所示，用蕾丝材质设计的长筒手套体现出女性的性感与妩媚；在皮革材质的长筒手套上增加蝴蝶结的装饰，让原本酷野帅气的手套风格增加了女性独特的魅力；运动手套也有非常有趣的设计，在手套上用鲜艳的色彩拼接，让原本暗沉、常规的运动手套华丽变身为有趣、个性的潮流饰品；在无指手套上镶嵌珠石类等闪光材质的装饰物，体现出手套个性、奢华的时尚风格。

四、创意手套

手套不仅实用，还具有装饰作用，2019届广州美术学院服饰专业的毕业生就设计了一组非常有创意的系列手套，具有强烈的视觉冲击力。设计者从太空、自然、工业、居家等各个方面汲取设计灵感，将手套华丽变身为有趣、创意的工艺品，展现了有趣、时尚的装饰效果。如图4-68所示为2019届广美学生毕业作品。

图4-67　手套设计

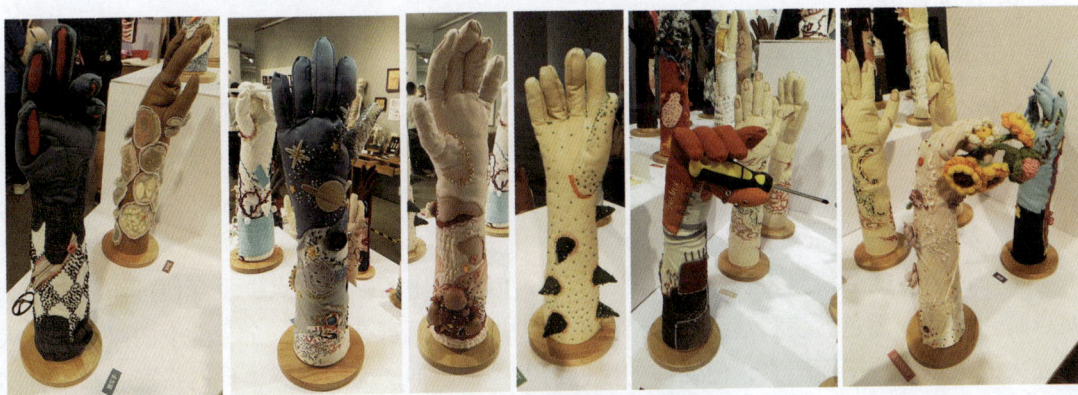

图4-68　2019届广美学生毕业作品

五、手套的搭配

手套最初主要是起到保暖和保护手部的作用，实用性很强，尤其是在寒冷的冬季，一副手套可以将温暖遍布全身，可谓是非常幸福的事情。广大劳动人民在劳作时，手套可以保护他们的双手不受伤害。如今，手套在人们的生活中依旧占据着重要地位，不仅是用于劳作和保暖，同时也起到极强的装饰作用。例如，一身华贵优雅的晚礼服搭配一幅蕾丝手套，突显其高贵、典雅的气质形象。手套的装饰性越来越强，远远超出其实用价值，已成为服装整体搭配的装饰配件。

（一）色彩搭配

1. 同色搭配

手套的面积虽小，但是其色彩的选择也是不容忽视的，不论是手套与服装，还是与其他配饰，都要注意手套的色彩选择。同色搭配可以达到较好的视觉效果，它能统一服饰色彩，让人感觉舒适而和谐。

如图4-69所示，手套与包饰的色彩相同，无论是主体色彩还是细节修饰，其色彩一致的体现，让包饰和手套的衔接处连贯、协调，外加服装与配饰属于同一色系，给人浑然天成的和谐感。若手套使用了其他的色彩，那服装、手套和包饰中间的衔接就会断开，手套的色彩较为突兀，人们可能只关注手套而破坏了服饰的整体效果。

图4-69　同色搭配

2. 近色搭配

在选用近色搭配时，一般选择同类色比较适宜。例如，一身深色上衣、白色下装的服饰穿搭，给人以冷硬、严肃的距离感，但设计中增加了手套和包饰的暖色融合，如同一抹暖意融入其中，拉近了人与人的距离。图4-70中橘色手套与红色的手包相互映衬，互有起伏，散发着热情与温暖。

3. 异色搭配

虽然同色搭配会使服装整体色彩更加和谐，但服装中若缺少亮点，手套便可作为搭配画龙点睛。例如，黑色套装利落潇洒，搭配同色包袋时尚而富有潮流，全身上下的黑色系给人以强大的气场，冷艳而酷爽，但通体的黑色给人一种压抑、无趣之感，此时搭配一幅中性亮色的长手套融合其中，是不错的选择，黄绿色明亮，既保持了整体的服装风格，同时还将全场的焦点聚焦到手套上，让整体的色调富有层次，如图4-71所示。

图4-70　近色搭配

图4-71　异色搭配

（二）造型搭配

除色彩以外，手套的造型设计也起着至关重要的作用，在服装整体搭配中有着不可忽视的力量。如图4-72中，服装与手套均采用几何形作为设计元素，服装为上小下大的A廓型，而手套则采用上大下小的倒A廓型，服装与手套廓型一正一倒、造型一致，提升了整体着装的抽象感，配以沉稳、低调的色彩，给人以时尚、大气的视觉感受。

（三）系列搭配

1. 手套与服装的系列设计

用服装的主体面料设计同色、同质的手套，与服装融为一体，视觉感统一、协调。此处的手套设计视为是服装的一部分。如图4-73所示，通体使用小格纹图案的面料，运用中式的设计手法，让服装整体凸显民俗风情，而手套又一反常态，夸张、硕大的造型设计，从手部延伸到肩部，张扬而另类，曲线的纹饰时尚而富有动感，东西方融合让整体服饰既透着民族风情又伴随着时尚气息，内敛而张扬、低调而时尚。

图4-72　造型搭配

图4-73　手套与服装系列设计

2. 手套与饰品的系列设计

手套除了与服装进行系列设计外，与饰品之间也可以进行系列设计。例如，帽子、围巾、手套被人们称为冬季三件套，全副武装后会给人以满满的温暖感。如图4-74所示，为编织的毛线织品，有些在内里加绒，更加保暖，色彩上更加鲜艳、明亮，花纹种类繁多，设计手法巧妙，无论是成熟、可爱、优雅、端庄、时尚、潮流等各种风格，均可与相应风格的服装融为一体，调和整体服装上下一致的统一感。

图4-74　手套与饰品系列设计

课后训练：手套的创意设计

要　　求：请同学们进行手套的创意设计，发挥创意想象，将实用与装饰相结合。

考核要点：1. 作品能引起共鸣。

　　　　　2. 注重造型和外装饰的细节表现，有独特的设计理念。

　　　　　3. 作品造型及外部装饰的创意表达效果。

第六节　眼镜设计

一、眼镜的发展历史

眼镜在现代生活中作为实用与装饰兼备的饰品，受到很多人的喜爱。说起眼镜的历史，其实在我国春秋末年就已经有了眼镜的雏形，在齐国的工业技术官书《考工论》里就有用凹球面镜取火的记载，这里只是记载了镜片的概念，还没有与人类阅读相结合。随着社会经济与科学文化的发展，佛教文化的传入，世人录写大量传经说，字迹小巧难以辨认，需要助目工具协助使用。江苏邗江甘泉汉墓金圈嵌水晶石放大镜的出土，就是当时用于阅读的工具。该镜直径1.3厘米，重量2.3克，可将物体放大4～5倍。眼镜正式用于文字阅读是在我国南宋时期，据说马可·波罗到北京时，看到元朝忽必烈时代的官吏戴凸透镜阅读文件，于是将其带到威尼斯，请工匠设法仿制，眼镜从此传入欧洲。

最初的眼镜形式为手持式的单眼正透镜，一个镜片连接一个手柄，类似现在的手持放大镜。为了阅读更为顺畅，后来做成双眼排镜式。但手持眼镜相对比较麻烦为了解放双手，设计了两根绳子系挂到耳朵上，最后演变为接近于现代眼镜的镜脚。

二、眼镜的种类

眼镜是现代社会非常实用的一款饰品。由于电子产品的快速发展，以及不科学的用眼方式，人们的眼睛所受到的伤害也越来越大，近视眼越来越多，眼镜成为人们生活的必需品。

眼镜既具实用性又具装饰性，不仅改善了人的视觉，还修饰了脸型，让其变得好看、时尚。除此之外，眼镜还有很多种类，如太阳镜、防护镜、运动镜、泳镜等。其中太阳镜是人们非常喜爱的眼镜类型，任何人都可以佩戴，不仅可在强光下遮挡紫外线，保护眼睛不受伤害，又有很多创意造型，搭配不同的服装风格，让人看起来又酷又时尚。

三、眼镜的设计

眼镜的造型多样，常规造型设计多为方形、圆形，稍显时尚、潮流的还有三角形、多边形等造型的眼镜。还有很多创意眼镜，有趣又时尚，如在眼镜上添加装饰物，水果、花饰、亮钻、珠石等元素，加上不同颜色的镜片，使眼镜风格变幻无穷，可爱、奢华、时尚、呆萌等风格让眼镜更显潮流、时尚的创意设计。

眼镜的设计主要在镜框的造型上，或圆或方，或圆中带方、方中带圆，或三角形、多边形等，多种造型任其发挥。

（一）日常眼镜的设计

平常的近视镜、远视镜是我们每天都要佩戴的，其造型设计的基本要求就是符合人的面部结构特点，突出轻便、舒适的特性，让人戴起来不累。日常眼镜常用的材质以金属、树脂居多，金属材质的眼镜纤细、轻便，但也易于变形，适合近视程度轻的眼镜使用者。金属材质的眼镜给人以时尚、儒雅的感觉，如图4-75（a）所示；而树脂材质的眼镜相对比较厚重，色泽饱满，框架粗厚，相对比较稳定，不易变形，属运动型眼镜，让人有憨厚、淳朴、个性、潮流的形象气质，如图4-75（b）所示。

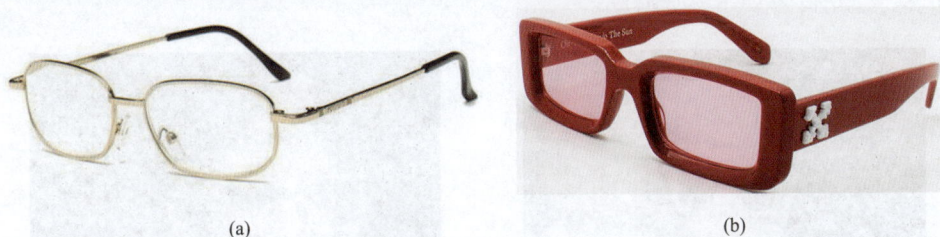

(a)　　　　　　　　　　　　　　　　　(b)

图4-75　日常眼镜设计

（二）创意眼镜的设计

创意眼镜的主要目的就是装饰，起到美化面部、提升整体形象的作用，一般在户外使用。创意眼镜造型多变，装饰性强，色彩丰富，镜片多为暗色，主要是抵挡强烈的阳光。创意眼镜充满了时尚感，充分体现了现代人对外表的注重与个性追求，如图4-76所示。

图4-76　创意眼镜设计

（三）隐形眼镜

隐形眼镜又称角膜接触镜，是一种戴在眼球角膜上的软性眼镜。尤其是深受近视困扰不喜欢戴框架眼镜的爱美人士。隐形眼镜分为透明和半透明两种，半透明的隐形眼镜上有不同色彩的装饰，俗称美瞳，是一种具有美容效果的隐形眼镜。佩戴之后，眼镜会改变人瞳孔的颜色，让眼睛看起来更加迷人、富有魅力。隐形眼镜虽然小巧方便，为近视人群解决了镜架不适之扰，但也要注意卫生、远离火源，以免造成角膜感染甚至更严重且不可逆转的眼部伤害。

四、眼镜的搭配

眼镜是直接戴在人的面部，眼镜的造型、色彩与人的脸型、肤色有着直接的联系，直接影响人的面型，甚至会影响着装风格。

（一）方形眼镜的搭配

方形眼镜四边平直，棱角分明，不同的方形有着不同的风格体现。长方形眼镜宽度是高度的两倍，适合日常佩戴。长方形眼镜造型规矩，风格严肃、儒雅，自带书生气质，给人一种做事严谨、作风正派、温柔儒雅的气质形象。正方形眼镜宽度与高度基本相等，上至眉梢下至鼻底，占据脸部中间位置，适合太阳镜的设计。正方形眼镜造型方正，风格时尚、酷野，配上或深或浅的镜片，可打造不同的潮流风格。

方形眼镜可以与圆形脸、椭圆形脸搭配。圆形脸圆润可爱，搭配方形眼镜可以调和脸部圆润的线条，改变其可爱、呆萌的感觉，使其显出成熟、时尚的风格特点，如图4-77（a）所示；椭圆形脸属于标准脸型，脸部线条饱满，适合各种造型的眼镜，不同的眼镜可以搭配出不同的风格，如图4-77（b）所示。

(a)　　　　　　　　　　　　　　(b)

图4-77　方形眼镜与脸型搭配

（二）圆形眼镜的搭配

圆形眼镜四边弯曲，外形圆润，宽度与高度基本相等。圆形眼镜有圆形、半圆形的区分，圆形眼镜造型圆润，给人以可爱、呆萌、时尚的气质形象；半圆形眼镜造型上平下圆，相比圆形眼镜稍显成熟。

圆形眼镜可以与方形脸、菱形脸搭配。方形脸的人脸部线条清晰、棱角分明，圆形眼镜可以改变其生硬的棱角，使其柔和，给人以温和、优雅的视觉感受，如图4-78（a）所示；菱形脸人的额头和下颌线条较为流畅，颧骨突出，搭配半圆形眼镜是比较合适的。半圆形眼镜上面平直的镜框与下面饱满的圆形刚好在颧骨突出的位置，利用上面平直的镜框水平拉宽人们的视线，使其额头产生饱满的视觉感受，下面的圆形与三角形的下颌形成对比，圆润与时尚并存，打造时尚、大气的造型形象，如图4-78（b）所示。

(a)　　　　　　　　　　　　　　　　　　(b)

图4-78　圆形眼镜与脸型的搭配

（三）多边形眼镜的搭配

多边形眼镜的造型处于方形眼镜与圆形之间。多边形的每一条边都是平直的，但是整体造型又是偏圆形的，风格也结合了方形眼镜和圆形眼镜的特点，有可爱、活泼、时尚、儒雅的造型风格。由于多边形眼镜的特殊性，适用的脸型也综合了方形眼镜和圆形眼镜的特点，适用于多种脸型，如图4-79所示。

图4-79　多边形与脸型的搭配

课后训练：眼镜的创意设计

要　　求：请同学们进行眼镜的创意设计，发挥创意想象，将实用与装饰相结合。

考核要点：1. 作品能引起共鸣。

2. 注重造型和装饰的细节表现，有独特的设计理念。

3. 作品造型及外部装饰的创意表达效果。

第五章　系列服饰品设计

第一节　系列服饰品设计概述

一、系列服饰品设计的意义

系列服饰品设计是在表达同一类型的产品中，将具有相同或形似的设计元素、设计手法、相互之间有关联的组成服饰品设计称为系列服饰品设计。系列服饰品中的服饰品最少两个或两个以上的产品组合才能称为系列服饰品，且每个产品的设计元素之间都有着一定的联系，是成组、配套的群体效果的设计。系列服饰品中的每件服饰品既有各自鲜明的设计特点，又有相同或相似的设计元素，按一定的秩序构成各自完整而又相互联系的设计作品形式。系列服饰品设计传达出来的品牌文化与风格定位，能够与品牌服装更贴切、更完整地搭配，形成完整的品牌形象，具备强烈的视觉感染力，满足使用者各种风格、特点、审美的不同需求。

二、系列服饰品的设计原则

（一）以人为本原则

对于系列服饰品来说，要对人有实际的功用，也就是适用于人、合适于人。以人为本的设计原则，要充分考虑人在使用过程中最根本的需要，不能仅为了求美观而不顾人自身的感受。以人为本的设计原则要考虑服饰品在造型、材质以及色彩上的设计在使用者使用过程中的舒适感、安全性以及适合与不同服装的搭配等方面。

（二）经济适用原则

经济适用原则就是在充分分析不同层次消费者的收入状况的基础上进行服饰品的设计。服饰品要根据消费者的实际需求，设计高、中、低档的系列服饰品供其选择，同时要注意服饰品在不同年龄层次人群中的经济价值，不同人群的消费观是决定服饰品设计的重要因素；再者，也要从生产的角度考虑，注意新材料、新工艺的选择和运用，努力降低成本，提高生产效率。

（三）美化形象原则

爱美之心人皆有之，服饰品不仅要实用，还应做到美化人的形象，满足不同风格人群的个性追求，这是系列服饰品设计所需要遵从的重要原则。系列服饰品的美观性主要表现在款式、色彩、材质、做工等几个方面。设计师要研究消费者的审美心理，对装饰素材的选择和实现手法的运用要因人而异，设计中要避免矫揉造作、烦琐堆砌，有时装饰过多也会影响服饰品整体的和谐。

总之，以人为本、经济适用、美化形象这三者之间相辅相成、互为因果。以人为本是基础，是根本；经济适用是提供可行性的保证；美观赋予设计的精神和灵魂，因此三者缺一不可。设计师应灵活掌握，根据服务对象和用途的不同而有所侧重。

三、系列服饰品设计的类别

（一）按组合形式分类

1. 单品系列设计

服饰品的单品系列设计是指将一种服饰品通过其色彩、造型、图案等设计要素相关联，而产生两个或两个以上的服饰品，每个服饰品之间都有其关联性，或是色彩相融，或是图案相同，或是风格一致，总之，要让同一系列中的每个服饰品之间相互关联又有所变化，如包饰系列、鞋饰系列、帽饰系列等。图5-1、图5-2为2019届广美毕业生作品。

2. 配套系列设计

服饰品的配套系列设计是以服饰品为主体，在服饰品的种类中寻找两件以上的合作对象组成一个整体作为设计内容，让服饰品具有系列感，如包与帽的组合，帽与巾的组合，首饰之间的组合，包与帽、鞋的组合等。将这些组合形式按照色彩、图案、材质等要素相关联，组成一个整体，进行系列设计，让其风格同步（图5-3）。

图5-1　2019届广美毕业生作品——包饰系列设计

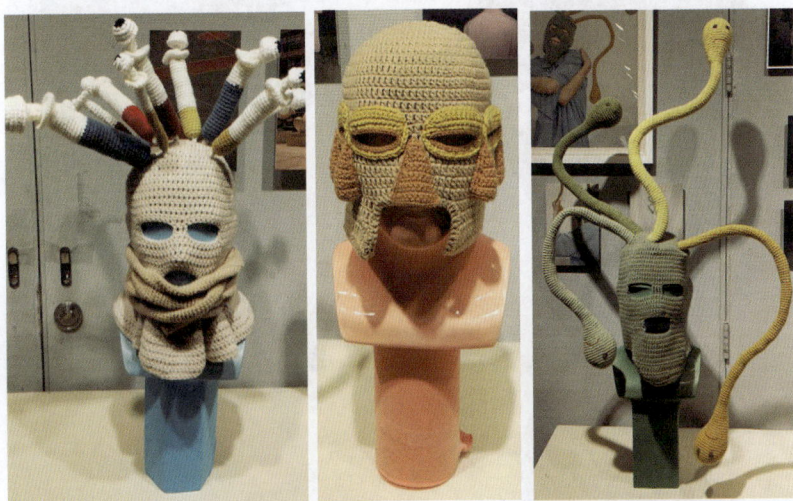

图5-2　2019届广美毕业生作品——创意帽饰系列设计

图5-3　包袋与丝巾的系列设计

（二）按设计目的分类

1. 创新目的的系列设计

创新设计是现代社会所追求的一种流行趋势，人们实现了优良的生活条件，开始追求其个性和独特，充分展示自己的与众不同。而小巧的饰品刚好满足了人们的这一需求，以超前的创新设计和独特的设计理念，张扬个性、追求不同。富有创意的服饰品充分展示了当下的设计理念并满足人们的个性需求，如图5-4所示。

图5-4　创新包饰系列设计

2. 常规使用的系列设计

服饰品设计中的常规设计追求的是款式经典、较为实用的传统意义上的系列设计。这类服饰品设计往往是经典款式的延伸，造型变化不大，但在细节处理上耐人寻味、经典永恒，同时在材质的选择上有较高的要求（图5-5）。

（三）按设计对象分类

1. 儿童服饰品系列设计

儿童系列的服饰品主打可爱、纯真的风格特点。色彩艳丽、造型可爱、趣味童真、材质安全都是在设计儿童服饰品时需要注意的因素。让设计师回归到孩童世界，从孩子的角度出发，给孩子一个

图5-5　常规包饰系列设计

快乐、五彩的童年。孩童服饰品的材质多为环保材料，少用带有成人角度的设计元素，保留孩子的童真，注重儿童的身心健康发展是设计的根本，如图5-6所示。

图5-6 儿童饰品系列设计

2. 青年服饰品系列设计

青年人群的服饰品设计主要体现在配饰上的新潮前卫与时尚流行等元素的使用。通过适当的配饰表现出青年人热情奔放的青春活力及与众不同的个性追求。这个年龄段的人群着装风格多变，所以在设计上有很大的发挥空间和个性展示的平台，如图5-7所示。

图5-7 青年饰品系列设计

3. 成熟服饰品系列设计

相对于青年系列来说，成熟服饰品的系列设计体现出使用者经过社会的洗礼之后蜕变的成长历程。成熟系列的服饰品设计根据使用人群的社会需求，通常以高雅的图案、成熟的格调、精良的质地为设计元素，能够充分展示出女性的高雅、精致的美感，男性粗犷、潇洒的个性或者富有内涵、优雅的风度。

第二节　系列服饰品设计的常用构思方法

系列服饰品设计的构思是艺术想法和艺术创作的结合，是将理想中的艺术形象通过设计创作和表现手法体现出来。对于服饰设计师来说，运用怎样的方法进行服饰品设计，是非常关键的环节，方法不同，设计出来的效果也就不同。针对服饰品系列设计的含义，我们可以根据材质、款式、构思、装饰手法、图案等几大元素进行系列设计。

一、同质不同款的系列设计

服饰品的系列设计，通常都会选取同一种材质进行设计，材质相同，在款式上加以变化，这种变化可以是同一种类的饰品在细节上的变化，也可以是不同种类的饰品的组合。以包饰设计为例，可以将这同一种材质都用来设计女士的挎包，但是各类挎包的设计要有细节上的变化，款式要有所区分；也可以利用同一种面料进行包饰种类的设计，如背包、挎包、钱包、电脑包等包饰组合设计。用同一种面料设计出来的包饰所呈现出来的系列视觉感是最强烈的，如图5-8所示。

图5-8　包饰系列设计

二、同款同质不同色的系列设计

设计师在设计一款服饰品时，通常会尝试多种色彩的搭配和选择，这也是一种系列服饰品的表现形式。设计一款服饰品，风格相同或者款式相同、材质相同，但变换不同的色彩，让服饰品可以有更大的选择空间、搭配不同的服装风格和迎合使用者的喜好。如果想要让服饰品更具个性和特色，可以根据色彩的不同在款式上稍加变化，通过色彩信息让每个款式更加独立，有独特的个性和特征，如图5-9、图5-10所示。

图5-9　风格相同色彩不同的包饰系列设计

图5-10　款式相同色彩不同的包饰系列设计

三、灵感同源而色款不同的系列设计

没有灵感的设计是没有灵魂的。灵感是设计师创作的源泉，是设计师在看到某种物体或现象时灵光一现的瞬间感受。当我们通过灵感有了设计想法时，可以将灵感的范围扩大，围绕灵感源，通过相同的表现手法进行服饰品的系列设计，也是系列设计常用的表现手法。例如，将大自然中的奇花异草融入其中，组成神秘、多彩的自然风光。设计师锁定自然界，以植物为载体进行饰品的系列设计，相同的材质不同的造型，让每一件饰品都绽放出独特的魅力，但汇聚在一起又是一个完整的系列组合。如图5-11所示的胸针系列设计，惟妙惟肖的手法给人们展示了一组唯美、精致的作品。

图5-11　胸针系列设计

四、图案互联的系列设计

服饰品的系列设计中，图案是重要的表现形式。图案之间的相互联系也是组成系列服饰品设计的表现手法。如将图案视为一幅完整的画面，将其分割成几个画面并分别融入款式造

型中，好似藏宝图一样，一定要集齐所有的款式才能看到一幅完整的画面，利用人们的猎奇心理，完成系列服饰品的设计。有些设计师在处理图案互联这种表现手法时，采用一种图案原型并进行变化，万变不离其宗，让每个图案内容相同但却有着不同的变化信息，新奇而有趣。例如，以猫为原型，将猫的各种姿态融入服饰品的款式造型中，形成一种图案互联的系列服饰品设计。

第三节　系列服饰品设计的方法

一、思维联想设计

思维联想设计是指以某一个意念展开联想，纵横关联起来思考，即由此及彼，逐渐扩大和丰富构思，直至找到解决问题的突破口的一种设计方法。联想之初必须有某个意念的原型，然后展开想象，逐渐联想开去，这种联想可以是事物内在关系的联想，也可以是事物外在形式的联想。由于每个人的生活经历、艺术修养和文化素质不尽相同，即使从同一个意念开始联想，最终的结果还是不同的。联想法是拓展形象思维的好方法，尤其适合在进行前卫设计中寻找灵感。例如通过蓝孔雀五彩的羽毛，取其中一根展开联想，运用到服饰品的设计中，让其充满惊艳（图5-12）。

图5-12　联想思维的服饰系列设计

二、夸张主义设计

夸张主义设计是指把原有事物的特征进行极度夸张，在被夸张了的范围内寻找新的形式，以取得出奇制胜的效果。"夸张"可以分为两个部分，一个是夸大，另一个是缩小。"夸张"的内容也很丰富，如造型、色彩、材料、形态等，都是夸张的内容。在系列服饰品设计中，经常采用把事物的状态和特性推到极限去思考、去探索其可能性的创作方法，往往会得到更加新颖奇特的设计效果。此种方法一般应用于流行创新的发展用途中，更适合另类前卫的设计。需要注意的是，在夸张主义的服饰品设计中，夸张元素的运用要有所侧重，如眼镜与耳饰运用同样的装饰元素，形成系列设计，如果夸大了耳饰，眼镜就要尽量简单，衬托出耳饰的奢华，如图5-13（a）所示；进行首饰与包饰的系列设计，如夸张了手饰的设计，包饰就要尽量的低调，衬托出手饰的创意，如图5-13（b）所示。

(a)　　　　　　　　　　　　　　　　　　(b)

图5-13　夸张饰品的系列设计

三、逆向反对设计

逆向反对设计是指把原有事物放在相反或对立的位置上进行思考的方法，是一种能够带来突破性思考结果的方法,也就是从根本上改变设计师的常规思考角度和由此而得到的常规思考结果。因此，逆向反对思维成了追寻意想不到的思考结果的设计方法之一，它既可以是题材、环境的逆向，也可以是思维、形态的反对。

四、整体局部设计

整体局部设计法是指首先确定事物的整体框架，然后配合局部造型的设计方法。整体设计比较容易从整体上控制设计结果，全局观念强，整体造型鲜明，与设计者的思维模式联系比较强；局部设计是指首先确定事物的局部形态，然后配合整体框架使用，设计思路与整体法反其道而行之。这种方法比较容易把握细节，具有灵活全面、详细多变的特点（图5-14）。

图5-14　整体与局部的系列设计

一 结合设计

结合设计是指把两种或两种以上原有事物的功能结合起来，产生新的复合功能，项链表、连裤袜、手镯表等就是一种复合功能的设计。这种从功能角度展开设计在其他设计领域的使用也很广泛。在设计上注意功能的结合要合理自然，切忌异想天般硬套。一般来说，功能和造型相去甚远的产品是无法结合在一起的。图5-15为手环套相结合的饰品设计。

图5-15　手环与指甲套相结合的饰品设计

第四节　系列服饰品的主题风格

一、古典风格

发源于欧洲传统艺术的古典形式，反映在服饰品的使用方面是显而易见的，金属线锁边支撑的荷叶褶领，拖曳及地、袒胸束腰带有蝴蝶结的塔夫绸长裙，贝雷帽、兜帽、面网、发网等的头戴饰物，花边、穗带、流苏、珠宝、羽毛、缎带、丝带绳结的点缀装饰，锦缎、丝绸织锦、金丝绒、天鹅绒、巴厘纱、花缎的材质面料，常规的结构，华贵的装饰，精良的工艺，构成了古典意趣的搭配感觉，如图5-16所示。

二、华丽风格

华丽是人类唯美时尚和竞相攀比观念的产物，凝聚了很多优越的品质。表现在服饰品上，线形曲折多变，线形短、硬居多，分割线复杂，零部件多而琐碎，节奏感强。服装的上下装比例变化大，对比因素夸张，材料光艳，以硬性和反光材料居多。饰品多采用价格昂贵的原材料制成，就是华丽风格的服饰品，如图5-17所示。

图5-16　古典风格的服饰品系列设计

图5-17　华丽风格的服饰品系列设计

三、浪漫风格

　　浪漫风格的表达极具感性，无拘无束而洋溢着真诚，在有限的生存空间里生成舒畅美妙的艺术情景。活泼而不呆板的动感线条，鲜艳而不灰暗的亮丽色彩，轻柔而不硬挺的薄型面料以及优雅脱俗的服饰搭配，都赋予服用者浪漫的穿着表情。造型线长而柔软，细褶多，装饰少而精致，服装零部件比较隐蔽或平整成为浪漫风格的主要表现，如图5-18所示。

图5-18　浪漫风格的服饰品系列设计

四、古拙风格

古拙的性质接近于自然本原的意味，存有真切的原始痕迹，带有简洁而古朴的自然灵性，有一种远隔尘世和散发着泥土芬芳的悠然意趣。服饰品的外轮廓简单古朴，讲究层次搭配，手感柔软，多用天然材料。面料材质、图纹设色和点缀回归自然的情感。亚饰物囊括了许多古老的文化与自然的造化，也寄托了人们怀旧崇古的意念。麻、丝、织锦和蜡染面料，单纯素丽或渐隐退旧的色彩，简洁生动的原始图纹，以及木造骨制、铜铸石雕和贝类皮革绳带等的配饰，温馨自然，意味深长（图5-19）。

图5-19 古拙风格的服饰品系列设计

五、前卫风格

前卫通常是指艺术形态中具有激进性质的构成种类，前卫是对传统经典的彻底否定和抛弃，从而取得由形式到内容的破旧立新。具有前卫特点的服饰品，其线形变化很大，强调对比因素，局部造型夸张，零部件形状和位置较少见。材料多用奇特新颖的质地，比如采用纸、鸡毛、塑料、橡胶、金箔、藤条、钢丝、次布、废弃物等都可以在开创新的服饰式样中有所作为（图5-20）。

图5-20 前卫风格的服饰品系列设计

课后训练一：服饰品的系列设计

要　　求：请同学们进行服饰品的系列设计，单品系列、服饰组合系列等，发挥创意想象，将实用与装饰相结合。

考核要点：1. 作品能引起共鸣。

2. 注重服饰品之间的系列表现元素，有独特的设计理念。

3. 作品之间的表现元素是否和谐、统一的创意表达效果。

课后训练二：服饰品的系列制作

要　　求：用纸、布、塑料等任意材料制作系列服饰品的实物小样，系列主题自拟。

考核要点：1. 作品能引起共鸣。

2. 注重系列服饰品中各服饰品之间的元素细节以及制作工艺，有独特的设计理念。

3. 作品实物小样的创意表达效果。

参考文献

[1] 张福云，吴玉娥. 服饰品设计艺术[M]. 北京：化学工业出版社，2012.

[2] 高山，袁金龙. 服饰品设计艺术[M]. 合肥：合肥工业大学出版社，2011.

[3] 冯泽民，刘海清. 中西服装发展史[M]. 北京：中国纺织出版社，2015.

[4] 伍斌，曹利，孔祥国. 设计思维与创意[M]. 北京：北京大学出版社，2006.